U0390873

岩爆试验大数据

人工智能分析方法

张昱　著

中国国际广播出版社

本书受到深地空间科学与工程研究院 2021 年度创新基金项目资助（岩爆机理大数据AI分析方法研究，项目编号：XD2021021）

序　言

　　岩爆是地下工程中常见的工程地质灾害之一，破坏性极强，每年都造成大量生命财产的损失。因此，对于岩爆机理的研究有着极其重要的意义。笔者作为大数据AI（人工智能）课题组负责人，自2012年获批深部岩土力学与地下工程国家重点实验室开放基金"岩爆实验大数据处理技术研究"以来，在深部岩土力学与地下工程国家重点实验室主任何满潮院士的指导下，10年来长期从事计算机科学与技术学科和土木工程学科的学科交叉融合研究，将计算机科学与技术学科的大数据技术、人工智能技术运用于土木工程学科的岩爆机理研究中，取得了丰硕的成果。笔者作为负责人先后主持了国家自然科学基金"基于大数据的岩爆机理研究方法"、深部岩土力学与地下工程国家重点实验室开放基金"基于大数据的岩爆机理自动化协同分析关键技术研究"、国家重点研发计划项目子课题"深井多源异构大数据融合与分析关键技术"等项目，在项目的实施过程中积累了丰富的经验。笔者先后在《电子学报》《岩土力学》《岩石力学与工程学报》、《智能系统学报》、*Intelligent Automation & Soft Computing*、*International Journal of Computational Science and Engineering*、*Chinese Journal of Electronics*、*International Journal of Wireless and Mobile Computing* 等国内外期刊上发表相关研究成果20余篇。

　　在此，笔者将所在大数据AI课题组从事岩爆研究以来的成果整理结集成书，并辅以领域前沿和最新研究内容。本书系统地介绍了笔者提出的岩爆试验大数据人工智能分析方法。主要内容有：第1章，岩爆试验概述；

第 2 章，应变岩爆试验大数据人工智能分析方法系统架构；第 3 章，岩爆试验大数据采集及可视化分析；第 4 章，岩爆试验大数据压缩存储算法；第 5 章，多源异构岩爆试验大数据融合算法；第 6 章，岩爆试验大数据AI可视化分析；第 7 章，岩爆试验大数据AI分析算法；第 8 章，岩爆试验大数据AI处理系统。

本书的宗旨是向读者介绍笔者提出的岩爆试验大数据人工智能分析方法，本书介绍的研究成果也是本人及大数据AI课题组师生共同努力的成果。包括笔者的同事吕召勇、李勇振，也包括笔者的硕士研究生丁鸿伟、王艳歌、刘开峰、高凯龙、李继涛、苏亿琳。感谢吕召勇和李勇振，他俩在课题组没有学生的时候陪笔者从零开始，申请并完成了笔者的第一个深部岩土力学与地下工程国家重点实验室开放基金——岩爆实验大数据处理技术研究。感谢丁鸿伟和王艳歌，他们分别是笔者的第一个和第二个硕士研究生，陪笔者在岩爆机理研究中艰苦探索。感谢刘开峰、高凯龙、李继涛和苏亿琳，他们一次一次的废寝忘食、熬夜陪伴，给予笔者有力的支持，伴笔者前行。

最要感谢的是何满潮院士。笔者这些年的进步都是在何满潮院士高瞻远瞩的指导下完成的。2012 年，在国内大数据方兴未艾之际，何院士慧眼识珠，让笔者初窥岩爆领域的大门，给予当时还是一个毛头小伙子的笔者机会。在国内大数据技术如火如荼的时候，在 2018 年同济大学召开的第二届土木工程大科学工程论坛上，何院士为笔者指出了AI大数据分析的研究方向。

最后，感谢在笔者科研道路上遇到的一些良师——图灵奖获得者John Hopcroft（约翰·霍普克罗夫特）教授、图灵奖获得者Vinton Cerf（温顿·瑟夫）教授、图灵奖获得者Leslie Valiant（莱斯利·瓦里安特）教授、创新工场李开复老师。笔者向他们学习的时间是短暂的，收获却最为丰富。感谢笔者在科研道路上遇到的一些益友——郭茂祖教授、魏东教授、宫伟力教授、杨晓杰教授、孙晓明教授、杨军教授、刘冬桥副教授、王炯副教授、陶志刚副教授，感谢贾雪娜博士、赵菲博士、任富强博士等。因受篇幅限制，不能一一列举，借此机会对给予过笔者支持和帮助的人，在此一并表示感谢。

本书可以为国内外岩爆机理研究学者提供一种可行性方法，供其参考借鉴，同时给对此方法感兴趣的学者以理论与方法指导。本书也可以供与计算机科学学科开展交叉融合研究的科研工作者提供借鉴。

最后，笔者的研究工作和国内外同行相比，如沧海一粟，尚有很多不足。书中难免有不妥之处，希望国内外同行和广大读者给予包容，欢迎大家批评指正，提出宝贵意见。

张　昱

2021 年 4 月于北京

目　录

第1章　岩爆试验概述

岩爆是地下工程中常见的工程地质灾害之一，每年都造成大量生命财产的损失。因此，对于岩爆机理的研究有着极其重要的意义。笔者作为大数据AI课题组负责人，自2012年获批深部岩土力学与地下工程国家重点实验室开放基金"岩爆实验大数据处理技术研究"以来，在深部岩土力学与地下工程国家重点实验室主任何满潮院士的指导下，长期从事计算机科学与技术学科和土木工程学科的学科交叉融合研究，将计算机科学与技术学科的大数据技术、人工智能技术运用于土木工程学科的岩爆机理研究中，取得了丰硕成果。

在国家重点研发计划"煤矿深井建设与提升基础理论及关键技术"（项目编号：2016YFC0600900）、国家自然科学基金重大项目"深部岩体力学基础研究与应用"（项目编号：50490270）与国家重点基础研究发展计划（973计划）项目"深部煤炭资源赋存规律、开采地质条件与精细探测基础研究"（项目编号：2006CB202206）的支持下，何满潮院士带领团队研制了真三轴加卸载应变岩爆与冲击岩爆物理模拟试验系统，提出了系统的实验室物理模拟试验理论与方法，并开展了大量的试验研究工作。

本书的研究范围聚焦于应变岩爆，依托深部岩土力学与地下工程国家重点实验室何满潮院士拥有自主知识产权的真三轴加卸载应变岩爆与冲击岩爆物理模拟试验系统开展相关研究，提出并形成了一套完整的岩爆试验大数据人工智能分析方法。

1.1 研究背景与研究意义

1.1.1 研究背景

岩爆的定义尚未有公认的说法，一般认为岩爆是岩石发生突然猛烈破坏，伴随破坏体具有运动特征的一种岩体破坏形式。有学者认为，岩爆是人工挖掘过程中使岩体中聚集的应变能突然释放，造成强烈人工地震的现象。18 世纪 30 年代发生在英国莱比锡煤矿的岩爆事故是世界上记载的有史以来最早的岩爆事故。[①] 自此，全球不同规模的岩爆事故开始为人们所知，并且随着人类社会的发展，人类对资源的需求量变大，开采的深度不断增加，岩爆事故的发生也越来越频繁。

岩爆灾害是地下工程在深部开采过程中遇到的难题之一，工程设备被损坏，施工进度受影响，严重的岩爆灾害甚至会威胁施工人员的生命安全。[②] 国外对岩爆的研究开展较早，尤以南非为代表。南非是岩爆多发国家，作为最早系统开展岩爆研究的国家之一，南非的采矿机制较健全，深井采矿等技术居于世界领先地位。[③] 美国有大约 33 万名矿工在 1.3 万余个矿井中工作，2015 年矿工死亡人数为 29 人，2016 年死亡人数为 25 人，伤亡率逐年下降。我国地大物博、资源丰富，煤矿利用率的提高伴随着的是采掘作业的不断深入，矿山资源逐渐减少，矿难现象层出不穷。表 1-1 简单列举了 2018 年至 2019 年发生的部分煤炭事故案例。

---

① 姜繁智，向晓东，朱东升.国内外岩爆预测的研究现状与发展趋势［J］.工业安全与环保，2003（8）：19-22.

② 赵周能，冯夏庭，陈炳瑞，等.深埋隧洞微震活动区与岩爆的相关性研究［J］.岩土力学，2013，34（2）：491-497.

③ 张镜剑，傅冰骏.岩爆及其判据和防治［J］.岩石力学与工程学报，2008（10）：2034-2042.

表 1-1　2018 年至 2019 年部分煤炭事故案例统计表

序号	事故简介	死亡人数	事故类型	经济损失
1	2018 年 1 月 18 日 20 时左右，凉水泉煤矿 1103 采煤工作面发生 1 起顶板事故	2 人死亡 1 人受伤	顶板事故	260 万元人民币
2	2018 年 2 月 25 日四川省叙永煤矿 1303 采煤工作面机巷尾段发生一起顶板事故	2 人死亡	顶板事故	264 万元人民币
3	2018 年 11 月 7 日 19 时 38 分，淮北矿业芦岭煤矿Ⅱ1084 风巷掘进工作面发生一起顶板事故	1 人死亡	顶板事故	205.15 万元人民币
4	2018 年 12 月 24 日，陕西华龙煤业公司贯屯煤矿发生瓦斯爆炸事故	5 人死亡	瓦斯爆炸事故	500 万元人民币
5	2019 年 1 月 12 日 16 时 30 分，陕西省神木市百吉煤矿发生井下冒顶事故	21 人死亡	冒顶事故	1000 万元人民币以上

中华人民共和国应急管理部网站统计的消息显示，2018 年 1 月到 8 月，我国一共发生 169 起煤矿事故，造成 211 人死亡，较 2017 年 1 月到 8 月煤矿事故增加 20 起，死亡人数减少 32 人，分别上升 13.4 个百分点、下降 13.2 个百分点，整体形势趋于稳定。但黑龙江、贵州、山西、四川、河南、湖南、陕西、安徽等 8 个省份相较于其他产煤省的事故起数和死亡人数偏多，这 8 个省份的事故起数占全国的 55.0%，死亡人数占全国的 66.9%。

从表 1-1 中列出的数据我们也可以看出，采矿发生事故时多会伴有人员伤亡，这是我们最不愿看到的情况，所以现在研究人员对于岩爆机理研究有很大的投入。从目前来看，岩爆的发生机理并未形成统一的定论，岩爆的发生受很多因素的影响，包括岩石岩性、地壳应力、岩体自身结构、地理地形、人为因素等，正是因为这些因素的复杂性，岩爆机理研究变得十分迫切，研究工作对预测、防治岩爆的发生也有重大的现实意义。

自从 2006 年深部岩土力学与地下工程国家重点实验室成功将岩爆过程在室内再现以来，对岩爆机理的研究也上升到了一个新的高度。深部岩土力学与地下工程国家重点实验室在岩爆的机理研究方面进行了大量的实验，对岩爆机理进行了深入分析，同时取得了许多重要的研究成果。但是研究工作也面临着一些问题——随着研究工作的深入开展，获得的实验数据在以几何数量级的方式增长，面对堆积如山的数据，运用传统的方式对这些数据进行处理时面临数据处理速度缓慢、数据分析困难、数据预测不够精准等问题。因此，如何解决岩爆分析面临的三个困境——数据存储困境、数据分析困境、预测准确度困境，不仅是深部岩土力学与地下工程国家重点实验室迫切需要解决的问题，也是许多国内外同行共同面对的难题之一。本书以深部岩土力学与地下工程国家重点实验室的岩爆研究为切入点，将计算机科学与技术学科的大数据技术与人工智能技术引入岩爆机理研究中，从根本上解决岩爆分析面临的三个困境，即数据存储困境、数据分析困境、预测准确度困境，从而归纳出一套完整的岩爆试验大数据人工智能分析方法，为岩爆灾害的防控奠定理论基础。

1.1.2 研究意义

随着信息时代的高速发展，数据已经渗透到当今每个行业和业务职能领域，大数据中蕴含的宝贵价值成为人们存储和处理大数据的驱动力。[①]2015 年 6 月，习近平总书记在贵州调研大数据应用展示中心时重点指出，对我国来说，大数据的采集及应用才刚刚起步，下一步要做到加强研究、加大投入，争取取得好的研究成果，使我国的大数据技术走在世界前列。毋庸置疑的是，大数据技术对人类社会的发展和影响会越来越大，并且随着 2017 年 12 月第四届世界互联网大会成功在我国浙江乌镇召开，我国要抓紧建设成为网络强国、数字中国、智慧社会，在计算机科技的进一

---

① 程学旗，靳小龙，王元卓，等. 大数据系统和分析技术综述［J］. 软件学报，2014，25（9）: 1889-1908.

步发展基础上努力推动互联网技术、大数据技术、人工智能领域的进步。[①]

　　计算机技术越来越多地服务着各个领域。对于深部岩土力学与地下工程国家重点实验室的岩爆研究来说，存在数据量过大、数据存储成本较高、采用传统数据处理方式等很多问题。在国家、社会提供良好的大数据发展环境的时代背景下，我们将计算机学科的大数据技术与人工智能技术引入岩爆机理研究中，以便深部岩土力学与地下工程国家重点实验室更好地处理实验数据，研究岩爆机理，从而为岩爆的预测提供依据。

　　本书研究的对象是岩爆试验大数据，无论是声发射数据还是岩爆图像数据，都不具备可以直接进行数据融合来获得综合性决策结果推断的能力。因此，本书使用大数据可视化分析技术对原始数据的关联性、冗余性及补充性进行分析研究，获得最优的数据融合基础理论；采用自行设计的算法对声发射等原始信息进行数据预处理及数据融合，一是提高了岩爆最终预测的精确度，二是既利用岩爆一维数据的相关性，又充分利用岩爆异构数据之间的独特性来提高决策结果的正确性。多源异构其实是大数据的一种常见特征，而在深部采矿中岩爆灾害防治领域，虽然存在大量多源异构数据，但研究人员对岩爆研究数据源较为单一。[②] 目前岩爆数据融合技术还处于起步与预探索阶段，利用大数据分析的方法，从多源异构大数据中挖掘有效信息，总结岩爆灾害发生规律，将多源异构大数据与岩爆地质灾害检测预警、防治等相结合，利用大数据与可视化分析的思维方式来分析、预测岩爆地质灾害的发生，有利于专家对深部采矿岩爆灾害研究工作的开展，提高岩爆预测的准确性。将多源异构大数据融合算法及大数据可视化分析技术应用于煤矿开采工程，不仅增强了岩爆发生的预测能力，确保人员的人身安全，而且提高了岩爆机理研究及其防治能力，减少了不必要的资源消耗，提高了资源利用率，增加了煤矿的经济价

[①] 习近平致第四届世界互联网大会的贺信［EB/OL］.（2017-12-03）. http://cpc.people.com.cn/n1/2017/1203/c64094-29682693.html.

[②] 王艳歌. 多源异构大数据融合算法及可视分析方法研究［D］. 北京：北京建筑大学，2020.

值。因此，无论是不同类型数据融合还是多源大数据可视化，都是一种挑战。本书针对多源异构大数据融合算法及其可视化分析方法展开研究，以岩爆试验实例为研究对象，设计了一种针对多源异构岩爆试验大数据的采集系统，使多源异构的大数据通过数据融合算法存储到标准数据仓库里，通过可视研究揭示空间感知多维互补背景下岩爆现象的新特性，提高岩爆信息融合系统的可信度，为岩爆机理研究奠定有力的理论基础。[①]

　　人工智能（Artificial Intelligence，缩写形式为AI）一词最初是在1956年达特茅斯学会上被提出的。自此以后，研究者发展了众多理论和原理，人工智能的概念也随之扩展。一种实现人工智能的方法——机器学习（Machine Learning），主要是设计和分析一些让计算机可以"自己学习"的算法。而深度学习（Deep Learning）是一种实现机器学习的技术，是让机器学习能够实现众多的应用，也是当今人工智能大爆炸的核心驱动。专家系统（Expert System）是目前人工智能中最活跃、最有成效的一个研究领域。自从费根鲍姆等研制出第一个专家系统DENDRAL以来，它已获得了迅速的发展，广泛地应用于医疗诊断、地质勘探、石油化工、教学及军事等各个领域，产生了巨大的社会价值和经济效益。专家系统是一个智能的计算机程序，运用知识和推理步骤来解决只有专家才能解决的疑难问题。因此，可以这样来定义专家系统：专家系统是一种具有特定领域内大量知识与经验的程序系统，它应用人工智能技术模拟人类专家求解问题的思维过程来求解领域内的各种问题，其水平可以达到甚至超过人类专家的水平。而本书的研究内容，需要将岩爆数据通过机器学习之后得到的科学知识与岩爆研究人员的专业知识进行融合，从而实现对岩爆进行分析及预测的目标。

---

① 丁鸿伟. 岩爆实验大数据压缩算法及其可视化分析［D］. 北京：北京建筑大学，2019. ZHANG Y，WANG Y G，BAI Y P，et al. A new rockburst experiment data compression storage algorithm based on big data technology［J］. Intelligent automation & soft computing，2019，25（3）：561-572.

1.2　岩爆的概念及分类

1.2.1　岩爆概念

关于岩爆的概念，众说纷纭，很难达成统一的认识。何满潮院士在 2020 年 6 月出版的《应变岩爆实验力学》一书里对岩爆的概念进行了如下论述。[①]

南非岩爆专家 Ortlepp 在 2005 年 3 月 9 日到 11 日于澳大利亚召开的第 6 届矿山岩爆与微震会议（RaSiM 6）上，对关于理解和控制矿山岩爆方面的研究做了回顾。Ortlepp 教授指出：由于岩爆的复杂性，关于岩爆的定义，人们还没有达成一致的意见，本领域国际学术界对岩爆还没有形成统一认识。[②] 尽管岩爆尚无统一的定义，然而迄今为止，人们在研究中，从不同的视角、根据不同的研究经历，给出了不尽相同的岩爆的定义。下面列举了一些具有代表性的岩爆定义或描述。

国外学者具有代表性的岩爆定义或描述包括：Cook 把岩爆定义为"伴有剧烈能量释放的岩石破坏过程"[③]；Blake 认为岩爆是"在围岩中，具有岩石崩解与喷射，并伴有剧烈能量释放的岩石突然破坏过程"[④]；Russenes 认为"岩体破坏时只要有声响，产生片帮、爆裂剥落甚至弹射等现象，有新鲜破裂面即可称为岩爆"[⑤]；Curtis 等认为"岩爆

① 何满潮. 应变岩爆实验力学 [M]. 北京：科学出版社，2020.
② ORTLEPP W D. RaSiM comes of age: a review of the contribution to the understanding and control of mine rockbursts [C] //Proceedings of the Sixth International Symposium on Rockburst and Seismicity in Mines. Perth：[s. n.]，2005：9-11.
③ COOK N G W. A note on rockbursts considered as a problem of stability [J]. Journal of the Southern African Institute of Mining and Metallurgy，1965，65（8）：437-446.
④ BLAKE W. Rock-burst mechanics [J]. Quarterly of the Colorado School of Mines, 1972, 67（1）.
⑤ RUSSENES B F. Analyses of rockburst in tunnels in valley sides [D]. Trondheim：Norwegian Institute of Technology，1974.

是一种伴随着冲击或震动发生的，突然且剧烈的自然现象"[1]；Ortlepp认为"岩爆就是由于岩体震动事件造成土木工程和地下巷道（包括采场工作面、井巷工程和硐室）猛烈严重的破坏"[2]；Bowers和Douglas认为"岩爆是由于采矿区域内岩体震动的扰动，该区域内部分或全部地下巷道遭到了破坏"[3]；Kaiser等将岩爆定义为对地下空间的突然、猛烈破坏，并伴有地震现象[4]。

国内学者具有代表性的岩爆定义或描述包括：谭以安认为"只有产生弹射、抛掷性破坏，才能称为岩爆"[5]；王兰生等认为"岩爆为地下硐室中处于一定原始地应力条件下的围岩，在硐室开挖过程中，因开挖卸荷引起周边应力分异，造成岩石内部破裂和弹性应变能的释放引起的突然脆性爆裂"[6]；郭然等认为"岩爆是岩体的一种破坏形式，它是处于高应力或极限平衡状态的岩体，在开挖活动的扰动下，内部储存的应变能瞬间释放，造成开挖空间周围部分岩石从母岩体中急剧、猛烈地突出或弹射出来的一种动态力学现象"[7]；何锋[8]认为"岩爆

① CURTIS J F, ORTLEPP W D. Rockburst phenomena in the gold mines of the Witwatersrand: a review [J]. Transactions of the Institution of Mining and Metallurgy, 1984, (93): 38-39.

② ORTLEPP W D. Rock fracture and rockbursts: an illustrative study [M]. Johannesburg: The South African Institute of Mining and Metallurgy, 1997: 98. ORTLEPP W D, STACEY T R. Rockburst mechanisms in tunnels and shafts [J]. Tunnelling and underground space technology, 1994, 9 (1): 59-65.

③ BOWERS D, DOUGLAS A. Characterisation of large mine tremors using P observed at teleseismic distances [C] //Rockbursts and seismicity in mines. [S. l.]: [s. n.], 1997: 55-60.

④ KAISER P K, MCCREATH D R, TANNANT D D. Canadian rockburst support handbook [M]. Sudbury: Geomechanics Research Center, 1996.

⑤ 谭以安. 岩爆特征及岩体结构效应 [J]. 中国科学（B辑 化学 生命科学 地学），1991, (9): 985-991.

⑥ 王兰生，李天斌，徐进，等. 二郎山公路隧道岩爆及岩爆烈度分级 [J]. 公路, 1999 (2): 41-45.

⑦ 郭然，于润沧. 新建有岩爆倾向硬岩矿床采矿技术研究工作程序 [J]. 中国工程科学, 2002 (7): 51-55.

⑧ 何锋. 三峡引水工程秦巴段深埋长隧洞开挖地质灾害研究 [D]. 北京: 中国地质科学院, 2005.

是高地应力条件下地下工程开挖过程中，硬脆性围岩因开挖卸荷导致储存于岩体中的弹性应变能突然释放，因而产生爆裂松脱、剥落、弹射甚至抛掷的一种动力失稳地质灾害"。

由上述可见，尽管学界对岩爆的定义或描述还没有形成完全统一的认识，但可以归纳为以下两类观点。

1.2.1.1 以岩爆破坏现象为出发点的观点

以突然能量释放，伴随震动为特征定义岩爆，以 Cook 为代表；只要岩体破坏时有声响，产生片帮、爆裂剥落甚至弹射等现象，有新鲜破裂面，即可称为岩爆，以 Russenes 为代表；只有产生弹射、抛掷性破坏，才能称为岩爆，无动力弹射现象的破裂归属于静态下的脆性破坏，以谭以安为代表。从现象上定义岩爆时，室内的单轴压缩试验、拉伸试验、双轴加卸载试验、三轴加卸载试验都有可能产生岩爆现象，但破坏形态明显有别于现场应变岩爆破坏。

1.2.1.2 以岩爆破坏机制为出发点的观点

如从强度理论出发：高储能体在较高的地应力条件下，由于开挖产生应力集中，形成高的地应力区并接近岩体强度，在外部扰动因素作用下产生岩爆[1]；罗先启与舒茂修从动力学观点出发定义岩爆，他们认为在坚硬脆性围岩中开挖硐室相当于一个处于压缩应力场中的脆性材料块体在开挖边界上突然卸载，卸载波迅速从开挖边界传播至岩体深部。[2] 若岩体由于弹性压缩贮存的势能足够大，则位于卸荷波前缘的剪切微裂纹将因动力扩展而导致岩体破坏并诱发岩爆。近年来，费鸿

---

[1]　王兰生，李天斌，徐进，等. 二郎山公路隧道岩爆及岩爆烈度分级 [J]. 公路，1999（2）：41-45. 何锋. 三峡引水工程秦巴段深埋长隧洞开挖地质灾害研究 [D]. 北京：中国地质科学院，2005.

[2]　罗先启，舒茂修. 岩爆的动力断裂判据——D 判据 [J]. 中国地质灾害与防治学报，1996，（2）：1-5.

禄和徐小荷用突变理论、章梦涛用失稳理论解释与研究了岩爆的破坏现象。[①]

何满潮院士在大量的工程实践与现场调研的基础上，对岩爆进行了全面系统的定义与描述，提出了对岩爆的新认识，即："岩爆是指能量岩体沿着开挖临空面瞬间释放能量的非线性动力学现象；与岩石在单轴应力状态下的单纯材料破坏不同，岩爆破坏是包含岩石材料破坏与岩体结构破坏的复杂动力学过程；从本质上来看，岩爆的发生应从能量的突然释放进行定义或描述，即岩爆动力学系统包含能量岩体、开挖临空面、瞬间能量释放与动力学过程的复杂性等四个要素。"

1. 能量岩体

能量岩体是指在一定条件下，因自重应力（由地球引力产生）或构造应力受到压缩而储存了能量的岩体，该能量从微观层次上可以理解为晶格能。并不是所有能量岩体都发生岩爆，只有积蓄的能量满足岩爆发生条件时才发生岩爆。

2. 开挖临空面

岩爆的发生，一定要有工程扰动的作用——开挖产生临空面，无论是地下工程（巷道、隧道），还是边坡工程及露天采石场。

3. 瞬间能量释放

岩爆具有突发性，岩体发生岩爆破坏时，能量瞬间释放，并有多余的能量使脱离岩体的岩块或岩片产生动能。瞬间释放能量的条件主要取决于岩体的物理力学特性、结构特性等条件。

4. 动力学过程的复杂性

岩爆现象之一是有岩块、岩片的弹射。岩块、岩片脱离围岩系统并以一定的初速度运动，该运动的初始动力源是其瞬间从周围岩体获

---

① 费鸿禄，徐小荷.岩爆的突变理论分析［C］//中国岩石力学与工程学会岩石动力学专业委员会.第三届全国岩石动力学学术会议论文选集.武汉：武汉测绘科技大学出版社，1992：427-436. 章梦涛.冲击地压失稳理论与数值模拟计算［J］.岩石力学与工程学报，1987，6（3）：197-204.

得的能量。该能量的大小决定了岩爆弹射的速度。围岩释放给脱离体能量的大小，在受岩体特性控制（内因）的同时，还受到围岩系统的加载幅度和加载速率的影响（外因）。然而，实际工程岩体的围岩系统与岩块在岩爆的孕育过程中往往难以分割，这是造成岩爆现象复杂的主要原因之一。

1.2.2　岩爆分类

分类是研究复杂现象的主要方法之一。为了深入了解岩爆机理，人们对煤矿、金属矿山、交通隧道及水电等工程领域发生的岩爆现象进行了分类。

1.2.2.1 国外比较有代表性的岩爆分类

（1）Ortlepp 和Stacey 在 1994 年 "Rockburst mechanisms in tunnels and shafts"中，将岩爆分为 5 种类型：①应变岩爆；②弯折；③矿柱表层压碎岩爆；④剪切破裂岩爆；⑤断层滑移岩爆。[①]

（2）Hasegawa 等在 1989 年的 "Induced seismicity in mines in Canada—an overview"中，将开采引起的震动事件分为 6 种类型：①硐室垮落；②矿柱爆裂；③采空区顶板断裂；④正断层滑移；⑤逆断层断裂；⑥近水平冲断层断裂。[②]

（3）Hoek 等在 1995 年的 "Support of Underground Excavations in Hard Rock"中认为，由于采矿或其他工程扰动引起的岩爆及微震事件造成的围岩不稳定状态，可包括沿原有裂隙面的滑移及完整岩体的裂隙化，进而将岩爆定义为 2 种类型，即断裂型岩爆和应变型岩爆。[③]

---

① ORTLEPP W D, STACEY T R. Rockburst mechanisms in tunnels and shafts ［J］. Tunnelling and underground space technology, 1994, 9（1）: 59-65.
② HASEGAWA H S, WETMILLER R J, GENDZWILL D J. Induced seismicity in mines in Canada: an overview ［J］. Pure and applied geophysics, 1989, 129（3）: 423-453.
③ HOEK E, KAISER P K, BAWDEN W F. Support of underground excavations in hard rock ［M］. ［S. l.］: CRC Press, 2000.

（4）Kuhnt 等在 1989 年的 "Seismological models for mining-induced seismic events" 中，将岩爆分为 2 种类型，即采矿型岩爆（静态岩爆）和构造型岩爆（动态岩爆）。前者与采矿直接有关，后者与整个区域的采场应力重分布有关。[①]

（5）Ryder 在 1988 年的 "Excess Shear Stress in the Assessment of Geologically Hazardous Situations" 中，提出岩爆的 2 种类型：C（压碎跨落）型岩爆和 S（剪切滑移）型岩爆。[②]

（6）Corbett 在 1996 年的 "The Development of Coal Mine Portable Micro-seismic Monitoring System for the Study of Rock Gas Outbursts in the Sydney Coal Field，Nova Scotia" 中，将岩爆分为 5 种类型：①宏观冲击；②微观冲击；③冲击地压；④岩爆；⑤构造岩爆。[③]

（7）Kaiser 和 Cai 在 2012 年的 "Design of rock support system under rockburst condition" 中，在总结前人对岩爆分类的基础上将岩爆分为 3 种类型：①应变型岩爆；②矿柱型岩爆；③剪切滑移型岩爆。[④]

1.2.2.2 我国学者对岩爆的分类

（1）汪泽斌在 1988 年《岩爆实例、岩爆术语及分类的建议》中，根据国内外 34 个地下工程岩爆特征将岩爆划分为 6 种类型：①破裂松脱型；②爆裂弹射型；③爆炸抛突型；④冲击地压型；⑤远围岩地震型；⑥断裂地震型。[⑤]

（2）张倬元等在 1994 年《工程地质分析原理（第二版）》中，按岩爆

① KUHNT W，KNOLL P，GROSSER H，et al. Seismological models for mining-induced seismic events [J]. Pure and applied geophysics，1989（129）：513-521.
② RYDER J A. Excess shear stress in the assessment of geologically hazardous situations [J]. Journal of the Southern African Institute of Mining and Metallurgy，1988，88（1）：27-39.
③ CORBETT G R. The development of a coal mine portable microseismic monitoring system for the study of rock gas outbursts in the Sydney coal field [D]. Montreal：McGill University，1996.
④ KAISER P K，CAI M. Design of rock support system under rockburst condition [J]. Journal of rock mechanics and geotechnical engineering，2012，4（3）：215-227.
⑤ 汪泽斌. 岩爆实例、岩爆术语及分类的建议 [J]. 工程地质，1988，（3）：32-38.

发生部位及所释放的能量大小将岩爆分为 3 种类型：①硐室围岩表部岩石突然破裂引起的岩爆；②矿柱或大范围围岩突然破坏引起的岩爆；③断层错动引起的岩爆。[①]

（3）王兰生等在 1999 年《二郎山公路隧道岩爆及岩爆烈度分级》中，根据岩爆破坏形式将岩爆划分为 4 种类型：①爆裂松脱型；②爆裂剥落型；③爆裂弹射型；④抛掷型。[②]

（4）谭以安在 1991 年《岩爆类型及其防治》中，从形成岩爆的应力作用方式出发，将岩爆类型划分为 3 种类型：①水平应力型；②垂直应力型；③混合应力型，在此基础上又划分为若干亚类。[③]

（5）徐林生和王兰生在 2000 年《岩爆类型划分研究》中，据岩爆岩体高地应力的成因将岩爆类型划分为 4 种类型：①自重应力型；②构造应力型；③变异应力型；④综合应力型。[④]

1.2.2.3 对岩爆分类的新认识

针对我国煤矿进入深部以后岩爆增加的现象，根据岩爆发生的机理，将岩爆分为应变岩爆、构造岩爆和冲击岩爆三大类，如图 1-1 所示。[⑤] 其中，应变岩爆是能量岩体沿开挖临空面突然释放能量而产生的非线性动力学破坏现象，是直接由应力和应变演化作用的结果，表现为临空面不同部位岩块、岩片弹射等动力破坏现象。构造岩爆是沿断层面、岩脉、剪切面、岩墙等部位突然滑移导致开挖临空面产生岩爆的破坏现象。冲击岩爆

① 张倬元，王士庆，王兰生.工程地质分析原理［M］.2 版.北京：地质出版社，1994：397-403.

② 王兰生，李天斌，徐进，等.二郎山公路隧道岩爆及岩爆烈度分级［J］.公路，1999（2）：41-45.

③ 谭以安.岩爆类型及其防治［J］.现代地质，1991，5（4）：450-456.

④ 徐林生，王兰生.岩爆类型划分研究［J］.地质灾害与环境保护，2000，11（3）：245-247，262.

⑤ HE M C, MA R J. Characteristics of acoustic emission on the experimental process of strain burst at depth［C］//Controlling seismic hazard and sustainable development of deep mines.［S. I.］：［s. n.］，2009：181-188.

是指开挖巷道顶板突然断裂冲击围岩而产生的岩爆现象。冲击类型主要有重力冲击、构造应力冲击及复合冲击等。

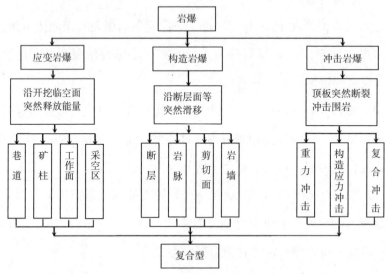

图 1-1　岩爆的成因及分类

　　何满潮院士对不同种类岩石在不同边界条件下进行了大量的实验室岩爆物理模拟试验。在此基础上，考虑岩爆成因、应力来源和时间等综合因素，对应变岩爆与冲击岩爆的分类进行了完善，如图 1-2 所示。[①]

　　何满潮院士研发了自主知识产权的应变岩爆物理模拟试验系统[②]，用于岩爆机理的研究。冲击岩爆一般发生在开挖完成后，其冲击载荷来自爆破冲击、顶板垮落冲击与断层滑动冲击。同样，何院士亦研制了专门用于模拟冲击岩爆的非线性岩爆室内物理模拟试验系统。[③]

①　何满潮.应变岩爆实验力学［M］.北京：科学出版社，2020.
②　何满潮.一种深部岩爆过程模型实验方法：CN200710099297.1［P］.2007-10-10.
③　何满潮，杨晓杰，孙晓明.模拟冲击型岩爆的实验方法：CN201210102230.X［P］.2012-08-15.

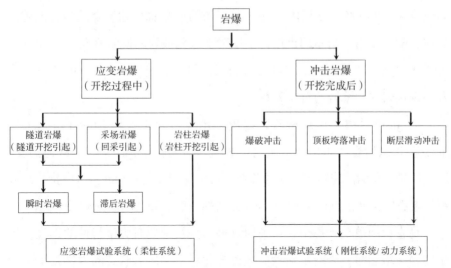

图 1-2　岩爆分类

　　本书以应变岩爆为例展开研究介绍。应变岩爆一般发生在地下空间开挖过程中，可以由隧道开挖、回采、岩柱开挖引起，是深部硬岩隧道、矿山巷道在开挖及运行过程中较为常见的工程地质灾害。应变岩爆也称为自启动岩爆（self-initiated rock burst），当开挖界面上的第一主应力超过岩体强度，岩体的破坏以非稳定的方式进行，围岩中储存的应变能在破坏过程中猛烈释放时，称为应变岩爆。①

1.3　常见岩爆试验方法

1.3.1　单轴岩爆试验

　　早期的岩爆机理研究，人们对脆性岩石采用进行单轴加载的方法模拟

---

① KAISER P K, MCCREATH D R, TANNANT D D. Canadian rockburst support handbook ［M］. Sudbury：Geomechanics Research Center，1996. HE M C，MA R J，et al. Characteristics of acoustic emission on the experimental process of strain burst at depth ［C］//Controlling seismic hazard and sustainable development of deep mines. ［S. l.］：［s. n.］，2009：181-188.

岩爆发生。20世纪60年代，Cook最早进行的单轴压缩岩爆试验模拟矿柱岩爆，随后布雷迪与布朗也进行了单轴加载模拟岩爆试验研究。[1] Salamon分析了单轴加载系统刚度与岩石试验样品的力（变形曲线）的关系，以及与现场岩柱和围岩的对应关系。[2]

Singh通过单轴压缩试验，提出了用冲击倾向指数（burst proneness index）预测岩爆，指出冲击倾向指数与岩石的脆性、压缩和点载荷强度、刚度模量和压缩波速度有很大的关系；用下降模量指数和冲击倾向指数来分析岩爆更好；冲击倾向指数与Schmidt回弹硬度数和剪切波速有关。[3]

马春德用单轴动静组合载荷对红砂岩进行了岩石力学特性的试验，指出在静载增加时，岩石由脆性向塑性转化；不同应力状态的岩体处于不同的稳定状态；低稳定状态的岩体在小扰动下就可以发生岩爆，而较高稳定状态的岩体必须在叠加大的动载荷下才可能发生岩爆。[4] Li等通过室内单轴试验研究了岩石在动静复合载荷作用下的动力响应及破坏特征，进而分析岩爆的机理。[5]

Pettitt和King为了研究岩爆发生前的声发射特性，在单轴动循环加卸载条件下，对岩石进行了声发射的模拟试验研究，得到了岩石破坏前的声发射特性。[6] Cho等进行了岩石的动力拉伸试验并分析了在动力载荷下的岩

① 布雷迪，布朗. 地下采矿岩石力学［M］. 冯树仁，佘诗刚，朱祚铎，等译. 北京：煤炭工业出版社，1990.
② SALAMON M D G. Stability, instability and design of pillar workings［J］//International journal of rock mechanics and mining sciences & geomechanics abstracts, 1970, 7（6）: 613-631.
③ SINGH S P. Classification of mine workings according to their rockburst proneness［J］. Mining science and technology, 1989, 8（3）: 253-262.
④ 马春德. 一维动静组合加载下岩石力学特性的试验研究［D］. 长沙：中南大学，2004.
⑤ LI X B, MA C, CHEN F, et al. Experimental study of dynamic response and failure behavior of rock under coupled static-dynamic loading［C］//Proceedings of the ISRM international symposium 3rd ARMS. Rotterdam: Mill Press, 2004: 891-895.
⑥ PETTITT W S, KING M S. Acoustic emission and velocities associated with the formation of sets of parallel fractures in sandstones［J］. International journal of rock mechanics and mining sciences, 2004, （41）: 151-156.

样破裂过程及分离岩样的飞出速度。[①]

1.3.2　双轴岩爆试验

对边长为150mm（毫米）的立方体花岗岩、大理岩及闪长岩试样，在中间开20mm圆孔的双轴压缩试验表明，在最大应力达到破坏强度的70%左右时，孔壁内侧出现片状剥离，并随着载荷的增加，孔壁出现碎片弹射现象，层状剥离向深层发展，当载荷达到极限应力时，孔壁坍塌破坏。[②] 左宇军等研究了岩石双轴等条件下的动静组合岩爆试验特征。[③] Steif 利用双轴试验分析了假设应力强度因子是常数的条件下，翼形裂纹扩展与应力的关系。[④] Barquins 和 Petit 利用双轴和单轴试验研究证明在有预裂纹的情况下灾变性裂纹扩展条件与加载速率和局部的内应力场有关。[⑤]

1.3.3　三轴岩爆试验

为了更好地再现岩爆的应力条件，许多学者考虑采用三轴或真三轴试验机开展岩爆的物理模拟试验研究。Höfer 和Thoma 利用三轴试验对不同的盐岩进行了不同围压下的试验研究，根据试验结果给出了不同盐矿开采的岩爆倾向。[⑥] Nemat-Nasser 和Horii 通过单轴和三轴压缩试验分析了轴向劈裂

① CHO S H, OGATA Y, KANEKO K. A method for estimating the strength properties of a granitic rock subjected to dynamic loading [J]. International journal of rock mechanics and mining sciences, 2005, 42（4）: 561-568.
② 张艳博，徐东强. 岩爆在不同岩石中的模拟实验 [J]. 河北理工学院学报, 2002, 24（4）: 8-11.
③ 左宇军，李夕兵，唐春安，等. 受静荷载的岩石在周期荷载作用下破坏的试验研究 [J]. 岩土力学, 2007, 28（5）: 927-932.
④ STEIF P S. Crack extension under compressive loading [J]. Engineering fracture mechanics, 1984, 20（3）: 463-473.
⑤ BARQUINS M, PETIT J P. Kinetic instabilities during the propagation of a branch crack: effects of loading conditions and internal pressure [J]. Journal of structural geology, 1992, 14（8-9）: 893-903.
⑥ HÖFER K H, THOMA K. Triaxial tests on salt rocks [C] //International journal of rock mechanics and mining sciences & geomechanics abstracts. Oxford: Pergamon Press, 1968, 5（2）: 195-196.

和剪切破坏分别是由单轴和三轴压缩条件引起的，并分析了裂纹的非稳定扩展和岩石的脆延转化特征。[1]

对岩石卸荷破坏及岩爆效应的研究，王贤能利用三轴试验机研究了灰岩及混合花岗岩在卸载条件下的变形与破坏行为，得出在低围压下以张性及张剪复合型破坏为主，在高围压下以剪切破坏为主，认为硐室围岩侧压被卸除后应力重分布，当调整后的应力状态达到岩体的极限状态时，便发生岩爆。[2]

尤明庆在《岩石试样的强度及变形破坏过程》一书中汇总了大量岩石室内试验成果，描述了岩样三轴应力状态下的卸围压过程，并与常规加载试验进行了对比；指出岩石在卸围压过程中，其强度未降低，但脆性增加。[3]

徐林生进行了卸载状态下岩爆岩石力学试验，采用的是常规三轴卸围压试验，应用美国MTS815 Teststar程控伺服岩石力学试验系统，采用位移控制（LVDT），给出了围压为零及一定压力下增加围压岩样破坏的特征，得出在低围压下卸围压对应弱岩爆现象，在高围压下卸围压对应强岩爆特征。[4]但位移控制对岩爆试验的适用性有待研究。

葛修润等在《岩土损伤力学宏细观试验研究》中总结了岩石卸围压试验结果。试验过程为将试件加载到临近破坏前的某一应力状态，再以0.004MPa/s的速度卸围压，直到破坏，用CT扫描试件的破坏过程，发现裂纹扩展具有迟滞性，卸荷破坏具有突发性，损伤演化具有不均匀性（局部弱化），损伤演化具有主破裂面方向。[5]

邱士利等对深埋大理岩进行不同卸荷速率下的三轴卸围压试验，研

① NEMAT-NASSER S，HORII H. Rock failure in compression［J］. International journal of engineering science，1984，22（8-10）：999-1011.

② 王贤能.深埋隧道工程水–热–力作用的基本原理及其灾害地质效应研究［D］.成都：成都理工学院，1998.

③ 尤明庆.岩石试样的强度及变形破坏过程［M］.北京：地质出版社，2000.

④ 徐林生.卸荷状态下岩爆岩石力学试验［J］.重庆交通学院学报，2003，22（1）：1-4.

⑤ 葛修润，任建喜，蒲毅彬，等.岩土损伤力学宏细观试验研究［M］.北京：科学出版社，2004.

究认为卸围压速率的变化改变了材料强度的弱化及摩擦强度的强化程度，讨论了卸载速率对大理岩岩爆特征的影响。[①] Yin 等对砂岩采用预先经三维加载再围压卸载的动静组合加载的试验方法，研究其破坏特性，利用Ⅰ型和Ⅱ型应力应变曲线揭示了高应力下动力扰动诱发岩爆、释放弹性储能的现象。[②]

许东俊等应用真三轴进行岩石加载试验，结果表明当 $\sigma 3=0$，$\sigma 2/\sigma 1 \leq 0.3$ 时，岩石表现为片状劈裂和剪胀的混合型破坏；当 $\sigma 3=0$，$\sigma 2/\sigma 1 \leq 0.4—0.7$ 时，以片状劈裂为主；当 $\sigma 1 > \sigma 2 > \sigma 3$ 时，呈片状劈裂和剪切错动复合型破坏。[③] 该试验成果说明了三向应力状态对岩石破坏的影响。祝方才等用WY-300 型气液稳压器，利用自行设计的真三轴加载设备进行了不同应力路径下相似材料模型破坏的试验研究，得出了孔壁应变的测试结果。[④]

侯发亮利用真三轴试验机进行了岩石真三轴试验，在模型材料中开挖孔洞模拟巷道破坏，并且进行了单向卸载试验，记录了岩石的应力与声发射特征。[⑤] 该试验是真三轴卸载试验研究，并且是针对具体工程进行，结合地应力资料，根据岩石材料内钻孔后在应力作用下的试验，获得了发生岩爆的临界应力。陈景涛和冯夏庭利用真三轴加载系统研究了高地应力下地

① 邱士利，冯夏庭，张传庆，等. 不同卸围压速率下深埋大理岩卸荷力学特性试验研究［J］. 岩石力学与工程学报，2010，29（9）：1807-1817. 邱士利，冯夏庭，张传庆，等. 不同初始损伤和卸荷路径下深埋大理岩卸荷力学特性试验研究［J］. 岩石力学与工程学报，2012，31（8）：1686-1697.

② YIN Z, LI X, JIN J, et al. Failure characteristics of high stress rock induced by impact disturbance under confining pressure unloading［J］. Transactions of nonferrous metals society of China，2012，22（1）：175-184.

③ 许东俊，章光，李廷芥，等. 岩爆应力状态研究［J］. 岩石力学与工程学报，2000，19（2）：169-172.

④ 祝方才，宋锦泉. 岩爆的力学模型及物理数值模拟述评［J］. 中国工程科学，2003（3）：83-88.

⑤ 侯发亮. 岩爆的真三轴试验研究［C］// 中国岩石力学与工程学会岩石动力学专业委员会. 第四届全国岩石动力学学术会议论文选集. 武汉：湖北科学技术出版社，1994：211-217.

下工程开挖对岩石破坏的影响。[①]

Haimson 等综述了真三轴压缩及中间主应力对岩石脆性破坏的影响；总结了三个不同的破坏机理：即由大量微破裂汇合形成的剪要破坏、沿第一主应力方向的劈裂破坏及非扩容剪切破坏。[②] Lee 和Haimson 设计了一系列真三轴试验并详细描述了花岗岩在三轴情况下的强度、变形及破坏。[③]

1.4　真三轴加卸载应变岩爆物理模拟试验系统

传统的岩爆试验方法，大多是在单轴、双轴或三轴压缩状态下进行的，与实际岩爆的应力状态有较大的差别，只能用来观测岩爆的某一个阶段，或某一个方面的破坏现象。为数不多的三轴或真三轴加卸载试验，是在通用的三轴或真三轴试验机上进行的。由于没有进行专门的研发设计，其加卸载控制系统的响应速度及加卸载方式，难以模拟地下空间开挖过程中的真三轴加载–单面突然卸载的应力转化过程。另外，上述研究中应用的单轴、三轴试验机是由液压伺服系统控制的刚性试验机，试验机机架可以看成是刚体，得到的是岩石的材料破坏性质。

研究表明，岩爆的破坏是地下空间岩体结构的破坏，即由于围岩释放储存的弹性势能，在一定条件下猛烈释放的结果。[④] 由于刚性试验机无法模拟围岩的弹性能储存与释放性质，因此为了真实再现岩爆的应力状态，

① 陈景涛，冯夏庭.高地应力下岩石的真三轴试验研究［J］.岩石力学与工程学报，2006，25（8）：1537-1543.

② HAIMSON B. True triaxial stresses and the brittle fracture of rock［J］. Pure and applied geophysics，2006，163：1101-1130.

③ LEE H，HAIMSON B C. True triaxial strength，deformability，and brittle failure of granodiorite from the San Andreas Fault Observatory at Depth［J］. International Journal of rock mechanics and mining sciences，2011，48（7）：1199-1207.

④ KAISER P K，MCCREATH D R，TANNANT D D. Canadian rockburst support handbook［M］. Sudbury：Geomechanics Research Center，1996.

有必要研制专用的真三轴岩爆试验机，这种试验机具有真三轴加载－单面突然卸载的控制响应特性，试验机的机架为柔性，可以模拟围岩的弹性能储存与释放功能。

在开发真三轴岩爆试验机的同时，还需要根据岩爆的分类（见 1.2.2 节），模型化不同类型岩爆的应力路径，并提出相应的岩爆理论准则，形成系统的实验室岩爆物理模拟理论、技术与装备。现场岩爆具有现象难以观测、数据难以获取等特点。真三轴岩爆试验机与实验室岩爆物理模拟理论和方法的建立，将为岩爆的观测、测量与机理认识提供有效的平台，对促进岩爆非线性动力现象的研究具有重要意义。

针对上述问题，在国家重点研发计划"煤矿深井建设与提升基础理论及关键技术"（2016YFC0600900）、国家自然科学基金重大项目"深部岩体力学基础研究与应用"（50490270）与国家重点基础研究发展计划（973 计划）项目"深部煤炭资源赋存规律、开采地质条件与精细探测基础研究"（2006CB202206）的支持下，何满潮院士带领团队研制了真三轴加卸载应变岩爆[①]与冲击岩爆[②]物理模拟试验系统，提出了系统的实验室物理模拟试验理论与方法，并开展了大量的试验研究工作。

本书的研究范围聚焦于应变岩爆，依托深部岩土力学与地下工程国家重点实验室的真三轴加卸载应变岩爆物理模拟试验系统[③]开展相关研究，提出并形成了一套完整的岩爆试验大数据人工智能分析方法。相关内容在本书的后续章节中进行展开介绍。

---

① 何满潮. 一种深部岩爆过程模型实验方法：CN200710099297.1［P］. 2007-10-10.
② 何满潮，杨晓杰，孙晓明. 模拟冲击型岩爆的实验方法：CN201210102230.X［P］.2012-08-15.
③ 何满潮. 一种深部岩爆过程模型实验方法：CN200710099297.1［P］. 2007-10-10.

第2章　应变岩爆试验大数据人工智能分析方法系统架构

深部岩爆的物理特性研究极其困难，并容易造成环境影响。本书以岩爆试验大数据为研究对象，采用深部岩土力学与地下工程国家重点实验室自主研发的真三轴加卸载应变岩爆物理模拟试验系统，以三相六面加载–单面卸载方式，对深部岩爆的环境进行仿真，得到深部岩爆试验数据，对深部采矿研究具有极其重要的影响。本章介绍了岩爆试验大数据人工智能分析方法的系统框架，并详细介绍了系统框架的各个组成部分。

2.1　系统总体架构

本书在何满潮院士相关研究基础上，提出了一种应变岩爆试验大数据人工智能分析方法，设计了应变岩爆模拟试验系统架构，系统架构图 2-1 所示。

岩爆物理模拟试验系统可进行岩爆试验、单双轴压缩及真三轴压缩试验；在岩爆试验中，可实现三向加载至某一应力状态，然后迅速一向单面卸载，压头迅速掉落，暴露试件一侧表面，形成岩爆的应力与几何边界条件。系统的主要性能指标如下：

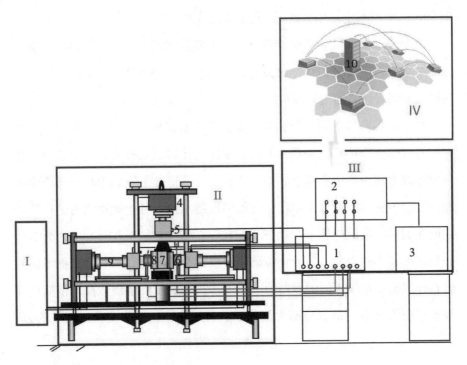

Ⅰ.液压控制。

Ⅱ.主机。

Ⅲ.数据采集：1.应变放大仪；2.多源异构岩爆试验大数据采集系统；3.本地计算机；4.油缸；5.传感器；6.压头；7.试件；8.垫块；9.传力杆。

Ⅳ.数据云：10.云端超级计算机。

图 2-1　应变岩爆模拟试验系统架构图

（1）试件最大尺寸可以为 150mm×150mm×150mm，岩爆试件采用板状长方体试件，加载系统最大压力 450kN，最大拉力 75kN。

（2）载荷精度＜0.5%；载荷对称性偏差＜3%。

（3）主机外形尺寸：长×宽×高=2240mm×1960mm×1800mm；总重 2300kg。

（4）液压控制台总重 100kg；外形尺寸：长×宽×高=950mm×840mm×1570mm。

（5）电动油泵外形尺寸：长×宽×高=800mm×450mm×900mm；总

重 80kg；电机额定功率 2.2kW；额定电压 380V。

应变岩爆模拟试验系统能够在室内再现岩爆发生，并且通过声发射传感器采集岩石声发射信息，对采集到的信息进行分析处理、提炼规律，从而研究不同岩性岩石的岩爆机理。

具体的实验步骤为：第一步，先放置岩石试件，如图 2-1 所示，其放置位置应位于施加三向加载力的压头中间，使岩石试件放置的中心位置和三向加载力的压头中心重合。第二步，在岩石试件上安装力与位移传感器和声发射传感器，做好采集实验数据的准备工作，各个通道的力的传感器数值在实验开始前应置零。第三步，在 σ1、σ2、σ3 方向上（见图 2-2）分别施加较小的力后，各通道位移传感器的数值清零，加载时根据不同的岩石强度确定每级不同的载荷值。第四步，均匀施加各级载荷，依据设计的不同应力状态，加载速率为每秒 0.5—1.0 兆帕；整个实验过程中的力、

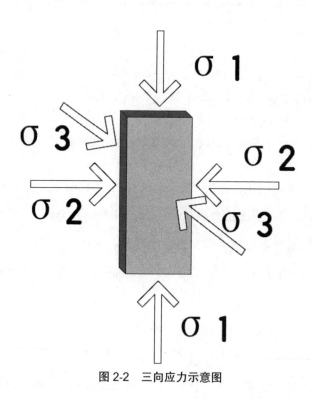

图 2-2　三向应力示意图

位移数据被连续采集，并同时检测声发射信号。第五步，实验加载的应力达到设计值，15—30 分钟后等待卸载，并做好准备工作；卸载时关掉卸载方向另一侧的回油油路，启动高速采集设置，最小主应力的单面荷载被卸载，并通过数据采集装置和摄像设备记录卸载后的实验特征，当卸载到出现暴露面后，观察试件暴露面的变化特征，是否可以听到试件破坏声音，同时记录应力、变形数据变化特征、声发射特征等；根据裂纹及声音的有无等实验现象确定岩爆试验过程。岩爆试验过程流程图如图 2-3 所示。

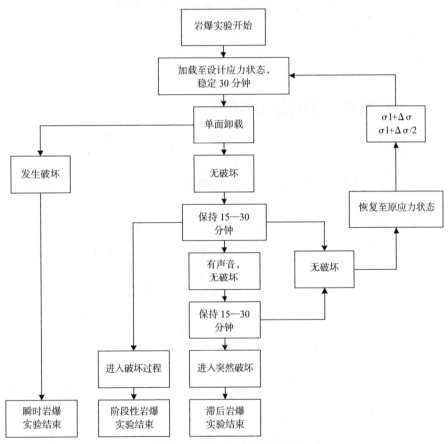

图 2-3　岩爆试验过程流程图

本书研究的是瞬时岩爆声发射实验数据，声发射数据通过专门的数据采集系统进行采集，采集过程中传感器的放置位置如图 2-4 所示。

（a）岩石试件　　　　　　　　　　（b）声发射传感器位置

图2-4　岩石试件及声发射传感器位置示意图

2.2　子系统原理及功能

2.2.1　应变岩爆物理模拟试验主机

如图2-5所示，岩爆试验主机由柔性机架、真三轴加载装置和单面突然卸载装置等组成。主机有互相独立的三套加载系统，其中两套系统水平加载，一套系统垂直加载。水平方向的两个载荷支承结构分别由一对载荷支承梁和四根拉杆组成，它们互相独立，正交设置。垂直方向载荷支承结构下部为刚性约束。主机的加载系统可实现三个互相垂直方向的独立加载，互不干扰。

为保证设备的正常、安全工作和加载位置的准确，主要承载部件应具有足够的强度和刚度，安全系数不小于1.5；载荷支承梁的最大挠度小于1mm，以保证卸载后的变形能够恢复。在水平方向载荷支承梁下设置了两个平行的定位槽，定位槽与滑动支承板上的定位条组合在一起，内置若干个能自由滑动的钢球，使载荷支承梁可以前后移动，但不能左右移动。这样既方便了试件的安装和调整，又保证了载荷支承结构的正交性。加载传力结构由对中盘、传力杆、钢球和压头组成，由油缸加载，经过该传力结构使作用于试件表面的载荷成为均布载荷。

图 2-5　岩爆试验主机支承梁及加载装置

主机系统的单面突然卸载装置是实现岩石力学行为转换、模拟岩爆发生的应力与几何边界条件的关键装置。单面突然卸载装置原理如图 2-6 所示，其实物如图 2-7 所示。为了能实现迅速撤掉水平方向一侧的载荷，采用一种新型液压控制装置来实现单面快速卸载，同时迅速暴露试件的一个表面。

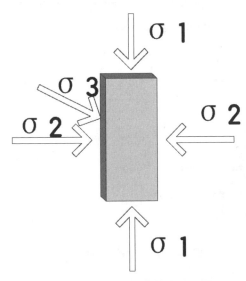

图 2-6　单面突然卸载装置原理图

图 2-7　突然卸载装置

2.2.2　声发射监测系统

在研究岩石性能的试验中选用的是声发射传感器。20 世纪 70 年代，我国金属矿山等工程领域开始应用声发射技术。到了 20 世纪八九十年代，计算机技术发展迅速，声发射检测系统也随之不断更新。岩石中的声发射波形通过系统被检测采集，有利于进一步的频谱分析。检测到的声发射信号是在岩石材料内部局部区域快速卸载释放弹性能得到的，声发射检测原理方框图和模型图如图 2-8、图 2-9 所示。

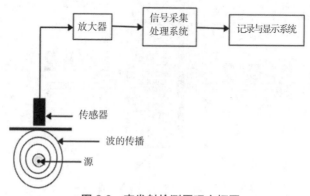

图 2-8　声发射检测原理方框图

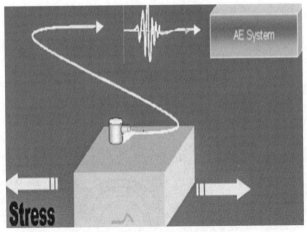

图 2-9　声发射检测原理模型图

图 2-10 为实验时采用的声发射传感器，图 2-11 为岩爆实验时工作的数据采集设备。声发射检测技术的工作原理为岩石试件在岩爆实验过程中由于三向应力的不断变化而导致其裂纹闭合、开展和贯通等一系列损伤过程产生的弹性波，经传播到达紧贴岩石试件的声发射传感器，由传感器的声电转换和前置放大器放大，从而得到原始声发射波形数据。声发射数据通过进一步的分析处理，达到研究岩石类材料的岩爆机理的目的。

图 2-10　声发射传感器

图 2-11　数据采集设备

声发射特征影响因素主要考虑：①仪器设备参数影响；②岩石的成分和结构；③传播路径影响。

本书基于以上三个方面进行扩充，重点分析了以下四个方面的声发射特征影响因素。

一是声发射传感器灵敏度对岩爆声发射特征的影响。声发射传感器分为两类，一类是窄带高灵敏度传感器，另一类是宽带传感器。由于岩石类材料的声发射频率范围较大（从几赫兹到几百赫兹），故采用宽带传感器较适宜。以前文献中只是建议采用哪种类型的传感器，并没有给出充分的室内试验实例证明。本书在对岩石进行的应变岩爆试验中对两种类型的传感器所得到的声发射频率特征进行了详细的分析和论证。

二是声发射传感器不同放置位置对岩爆声发射特征的影响。如试验过程中同一区段内形态相同的波，由于与声发射传感器之间不同的距离会接收到不同声发射信号。声发射传感器被放置在不同位置时，岩石中由于开裂产生的信号传播到不同传感器时所接收到的声发射信号是有很大区别的。本书将从这个角度从声发射能量幅值特征和声发射主频特征进行详细的分析和论证。

三是岩石本身和钢垫块本身的固有频率对岩爆声发射特征的影响。

本书将从不同岩性岩石声发射主频特征的角度论证固有频率对主频的影响程度。

四是岩爆碎屑的微观裂纹类型的变化和声发射本征频谱特征之间的关系。根据岩石成分和结构的不同，岩石内部晶体在岩爆过程中开裂的形式也不同，寻求这方面的规律对探求岩爆声发射机理具有重要意义。

为了更清晰、准确地获取岩爆全过程的声发射特征，本书采用的两个厂家生产的声发射监测系统分别是PXWAE数字化全波形声发射检测仪（简称窄带传感器声发射监测系统）和美国声学物理（简称PAC）公司生产的PCI-2软件系统。

2.2.2.1 PXWAE 系统

PXWAE声发射系统包括采集卡、恒流源、前置放大器及声发射传感器。

主要性能指标：PXWAE声发射采集卡最高采样速度为20MHz，采样精度为12位；处理器为P42.4GHz（可升级至P42.8GHz）；内存为512M（可升级至1024M或2048M）；硬盘。

驱动器为160G（可升级至200G或更大容量）；光磁驱动器为52X（可升级为DVD刻录机）。

单通道声发射仪的工作原理：首先从岩石样品中有弹性波出现，被传感器接收并转化为电信号，经前置放大器放大、滤波器去噪、信号处理器处理，并通过数模转换为模拟电压，供X–Y绘图仪记录。

声发射检测需要通过传感器把声发射信号转换成电信号。使用高可靠性、高质量的声发射传感器是声发射检验科研试验一直追求的目标，传感器在研究人员关注的频段内必须有平坦的频率响应。

2.2.2.2 PCI–2 软件系统

PCI-2软件系统是PAC公司最新研制的适用于高等院校科研等高端场景开展声发射研究工作使用的高性能、低价位声发射卡（系统）。该系统具有18位 A/D，1kHz—3MHz 频率范围，是新型的声发射研究工具。该系统是对声发射特征参数、波形进行实时处理的2通道声发射系统。

PCI-2 采集卡配备的是宽带传感器（WD），此宽带传感器频响范围是100Hz—1MHz，采样率为 1Msps。本书使用的瞬态记录测试采集系统可用来高速捕捉瞬态信号，将它们低速回放出来。这样有可能在很宽的频带内（100Hz—1MHz）对声发射的频谱进行真实的测量和分析。

放大器为差分式传感器输入、可变带宽插件筛选器。此放大器有20dB、40dB、60dB 三个档，可以根据实际应用需要任意选取。本书采用前放增益 20dB，由于岩石在岩爆时刻释放能量较大，如果选择 40dB 或者 60dB，携带能量较大波形，就会满幅值或者超幅值，导致接收信号不完整。

2.2.3 液压控制系统

液压控制系统采用成都市伺服液压设备有限公司生产的高精度静态伺服液压设备。此设备主要由电动油泵和液压控制台组成，电动油泵由油箱、油滤、电机泵组等组成，外形尺寸为 800mm×450mm×900mm，总重 80kg，电机额定功率 2.2kW，额定电压 380kV。液压控制台由台柜、软管、单向阀、溢流阀、蓄能器、静态伺服阀、升压阀、降压阀、上腔供油阀、下腔供油阀、电接点压力表、标准压力表、气压表、指示灯、高压软管等组成，总重 100kg，外形尺寸为 950mm×840mm×1570mm。控制台加载由人工手动控制，荷载对称性偏差小于 3%，可以实现三个方向独立加卸载。

2.2.4 力采集系统

试验过程配备了 DSG9803 应变放大器和 USB8516 便携式数据采集仪，由传感器、放大器、数据采集仪、计算机及相关的处理软件组成，可自动、动态地对大量的测试数据进行准确、可靠的采集和编辑处理。设备进行 8 通道独立采集三向应力，采样频率为 1k—100k，系统精度为 ±0.5%±2Mv（FS），满足试验对设备的要求。在普通加载阶段，采用低速采集，卸载后需要打开高速采集，用以捕捉岩石发生岩爆时的应力变化情况。

2.2.5　高速摄影系统

为了捕捉岩石岩爆破坏过程特征，试验采用高速摄影系统进行拍摄，该系统能够在 1024×1024 图像分辨率下以 1000 帧/秒的拍摄速度进行拍摄，根据磁盘空间，可以连续拍摄 30 分钟，一般能够满足试验要求。通过高速摄影系统捕捉拍摄到的高速照片，能够清晰再现岩石卸载面裂纹发育、扩展直至贯通全过程，以及后期的碎屑弹出、岩石体整体爆裂等动态现象，便于我们更好地通过岩石动力学特性来理解和认识岩爆灾害现象。

2.2.6　多源异构岩爆试验大数据采集系统

本书设计并建立了一个基于多源异构数据的岩爆大数据采集系统，如图 2-12 所示。该系统主要由数据采集层、数据通信层、数据存储层及数据管理层四部分组成。数据采集层主要是通过传感器进行数据的采集、转换和收集。数据通信层的主要任务是通过物联网等技术将相关数据进行稳定传输。数据存储层与数据管理层关系到后来用户提取数据的稳定性和完整性。因此，数据存储层是对不同的数据来源进行整理归档到相应数据库中，并为后期的数据提取和数据融合提供有力依据。数据管理层的主要任务是对数据存储层的数据信息进行管理，为用户在进行查询、调用相关数据时提供更加便捷的服务。

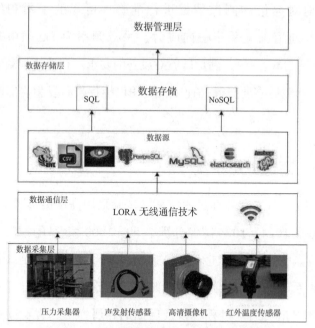

图 2-12　多源异构岩爆大数据采集系统框架

多源异构岩爆试验大数据采集系统详见第 3 章的介绍。

2.2.7　云端超级计算机

深部岩土力学与地下工程国家重点实验室拥有国内先进的超级计算机，截至 2021 年 3 月，该超级计算机拥有 88 个刀片服务器，理论计算峰值 30 万亿次/秒，平均每年算例 10 000 个。支持 Linux 和 Windows 系统，已经安装了 VASP、LAMMPS、Abaqus、FLAC、MATLAB 等软件。深部岩土力学与地下工程国家重点实验室为优秀重点实验室，计划对现有超级计算机进行升级，预计在未来两年内实现千万亿次的运算级别。该实验室同时建有大型云计算中心、云数据中心硬件平台，包括华为高端 S12800 高性能数据中心交换机 2 台、华为高端存储 OceanStor18000V3 2 套，存储容量 400T、华为高性能刀片服务器 2 台（128CPU），部署有云管理平台，具有强大的大数据计算能力。

第3章　岩爆试验大数据采集及可视化分析

本章以岩爆试验大数据为研究对象，介绍了本书中涉及的岩爆试验大数据的采集方法，通过实验室的实验环境采集到大量实验数据，运用大数据分析技术对实验数据预处理，提出了实验数据统计算法及连续性特征分析算法，并进行了数据特征提取及数据特征深入分析，在此基础上将分析结果通过大数据可视化分析技术进行了展现。

3.1　相关技术概述

3.1.1　岩爆研究

近几十年来，国内外在岩爆预测预报方面做了大量的研究工作，深部岩土力学与地下工程国家重点实验室的何满潮院士团队也对不同地区不同岩性的岩石进行了深入的研究，包括对卡拉拉大理石进行地下开采岩爆试验研究[①]、对石灰岩的岩爆过程和声发射特征进行研究[②]、通过改

[①] HE M C, JIA X N, COLI M, et al. Experimental study of rockbursts in underground quarrying of Carrara marble［J］. International journal of rock mechanics and mining sciences，2012，52: 1-8.

[②] HE M C, MIAO J L, FENG J L. Rock burst process of limestone and its acoustic emission characteristics under true-triaxial unloading conditions［J］. International journal of rock mechanics and mining sciences，2010，47（2）: 286-298.

进的三轴岩石试验装置研究了定向砂岩的岩爆特征[①]、对来自敦煌莫高窟的三种类型不同的围岩进行了吸水实验[②]、使用压汞法对深层沉积岩的孔隙结构特征及渗透性进行测定[③]等；同时还对矿井开采技术进行了大量研究，包括通过实验研究了矿井压力对瓦斯涌出的影响[④]、对NPR锚索支护原理及大变形控制技术的研究[⑤]，并提出了一种新型无柱采煤方法[⑥]等。

众多科研人员对岩爆预测问题进行了分析研究，但由于其自身的复杂性，国内外并没有对岩爆预测形成一套较成熟的理论方法。现在，人们针对岩爆现象提出了各种假设和判据，并基于强度、刚度、稳定性、断裂程度、能量变化等方面进行分析。在预测预报岩爆研究过程中，张龙飞用数值模拟有限元分析的方法对古迹坪隧道应变问题建模，研究某截面二次应力场重分布的特征[⑦]；裴启涛等为了确定岩爆灾害评价的不同指标相应的所占权重提出了组合赋权（GEM-GW）方法[⑧]；张光存等将岩爆判据的研究与人工神经网络及非线性回归方法相结合，采用人工神经网络量化原始样本，对处理过的样本进行非线性回归分析操作，得到了新

① HE M C, NIE W, ZHAO Z Y, et al. Experimental investigation of bedding plane orientation on the rockburst behavior of sandstone [J]. Rock mechanics and rock engineering, 2012, 45（3）: 311-326.

② 张娜, 何满潮, 郭青林, 等. 敦煌莫高窟围岩吸水特性及其影响因素分析 [J]. 工程地质学报, 2007, 25（1）: 222-229.

③ ZHANG N, HE M C, ZHANG B, et al. Pore structure characteristics and permeability of deep sedimentary rocks determined by mercury intrusion porosimetry [J]. Journal of earth sciences, 2016, 27（4）: 670-676.

④ HE M C, REN X L, GONG W L, et al. Experimental analysis of mine pressure influence on gas emission and control [J]. Journal of China coal society, 2016, 41（1）: 7-13.

⑤ 何满潮, 李晨, 宫伟力, 等. Support principles of NPR bolts/cables and control techniques of large deformation [J]. 岩石力学与工程学报, 2016, 35（8）: 1513-1529.

⑥ HE M C, GAO Y B, YANG J, et al. An energy-gathered roof cutting technique in no-pillar mining and its impact on stress variation in surrounding rocks [J]. Chinese journal of rock mechanics and engineering, 2017, 36（6）: 1314-1325.

⑦ 张龙飞. 兰渝铁路古迹坪隧道岩爆预测数值模拟研究 [J]. 勘察科学技术, 2017（1）: 7-10, 43.

⑧ 裴启涛, 李海波, 刘亚群, 等. 基于组合赋权的岩爆倾向性预测灰评估模型及应用 [J]. 岩土力学, 2014, 35（S1）: 49-56.

的公式用于判断岩爆，并且实验结果表明这一判据公式的预测精度较高[①]；Zhou Yu 等通过对国内外地下工程岩爆样品的训练数据集的研究，提出了一种新的基于PNN 的岩爆预测模型，用于确定地下岩石工程中是否会发生岩爆，以及冲击地压的强度，利用两个实际应用对该方法进行了验证，并且预测结果与现场实际情况相同[②]；A. Mazaira、P. Konicek 对深埋施工中强烈的岩爆冲击及其防治进行了研究[③]。

通过以上对岩爆研究现状的介绍，我们发现越来越多的学者将岩爆的研究与模拟建模、神经网络、数据分析等技术手段相结合。借助计算机技术进行岩爆机理研究和岩爆的预测与防治，是众多研究人员的研究目标。

3.1.2　大数据技术

21 世纪，发展最迅猛的产业是互联网技术，并且业界已经形成共识，互联网时代的资产之一是数据，在互联网时代下拥有大量数据就代表拥有大批资产。为了对数据资产进行保管访问，研究人员发展了云计算，但是只是简单的保管访问显然不是我们的最终目的，而如何盘活这些数据资产，让数据为个人进行生活服务，为企业做出重大决策，甚至为国家治理提供良好的思路，才是研究大数据的根本目标，是研究云计算等其他计算机互联网领域必然的发展方向和趋势。国际上的互联网巨头企业早已认识到大数据时代数据资产的重要作用，类似IBM、EMC、Hewlett-Packard、Microsoft Corporation 等多家IT 公司纷纷进行技术整合，通过收购大数据相关厂商的途径来实现，足以可见这些公司对大数据的重视，对数据资产的渴望。那么，何为大数据？之前一提到大数据，人们想到最多的就是数据规模大，现如今"大数据"一词的含义已经不限于对其规模的定义，更多

---

① 张光存，高谦，杜聚强，等. 基于人工神经网络及非线性回归的岩爆判据［J］. 中南大学学报（自然科学版），2013，44（7）：2977-2981.

② ZHOU Y，WANG T L. PNN-based rockburst prediction model and its applications［J］. Earth sciences research journal，2017，21（3）：141-146.

③ MAZAIRA A，KONICEK P. Intense rockburst impacts in deep underground construction and their prevention［J］. Canadian geotechnical journal，2015，52（10）：1426-1439.

地表示在信息技术发展的新时代，代表数据信息爆炸性的发展对计算机传统技术、信息技术的挑战，意味着在处理大数据过程时需要不断研究新的技术手段，也代表着大数据分析和应用所带来的新服务、新发明及新的发展机遇。[①] 虽然大家对大数据众说纷纭，也没有形成统一的定义，但是对于大数据的 4V 特征，研究人员还是普遍认可的，4V 即：Volume、Variety、Velocity 和 Value，对应的分别为容量大、种类多、速度快、价值密度低。[②] 数据规模大只是其中一个因素，大数据还包括现如今各种类型的数据，如文字信息、音频数据、视频数据及图像信息等，以及在互联网高速发展的今天，每时每刻产生的新数据。大量数据信息隐藏的价值大小各有不同，如何在不同类型的数据中迅速锻炼挖掘有价值信息的能力，则是大数据技术要研究的内容。数据库的大规模并行处理、文件系统的分布式执行、云计算平台、数据挖掘、互联网和可扩展的存储系统等是大数据研究过程中常用的技术手段。本节对大数据技术的介绍包括以下内容。

3.1.2.1 大数据采集技术

大数据研究的基础是大数据采集技术，由此可见有效的数据采集方案对大数据挖掘研究有重大意义。形码、射频识别、智能录播与情感识别等技术均是数据采集过程中常用的手段。[③]Kenneth Li-Minn Ang、Jasmine Kah Phooi Seng 等人使用移动数据采集器采集基于传感器的大数据环境及大规模无线传感器网络数据，提出了两种常用的基于移动数据采集器的数据采集模型：基于数据 MULE 的数据采集模型和基于移动接入点的传感器网络模型，这种数据采集方式在空间分离的地理区域里可以高效地进行数据收集，并且会降低节点能耗[④]；徐雁飞、刘渊等在以新浪微博为

---

① 黄宜华. 深入理解大数据：大数据处理与编程实践［M］. 北京：机械工业出版社，2014：13-25.

② 刘智慧，张泉灵. 大数据技术研究综述［J］. 浙江大学学报（工学版），2014，48（6）：957-972.

③ 付华峥，陈翀，向勇，等. 分布式大数据采集关键技术研究与实现［J］. 广东通信技术，2015，35（10）：7-10，79.

④ ANG K L-M, SENG J K P, ZUNGERU A M. Optimizing energy consumption for Big Data collection in large-scale wireless sensor networks with mobile collectors［J］. IEEE systems journal，2018，12（1）：616-626.

对象的情况下，通过实验得出了将采集器与网络爬虫技术融合的手段的采集效率较高的结论[①]；Van M. Chhieng、Raymond K. Wong 等人针对传感器网络中基于路径的数据采集技术进行了研究，提出了一种通用的路径质量测量方法[②]。

3.1.2.2 大数据分析技术

大数据研究的关键一步，即大数据分析。如何将采集的数据进行更好的分析，挖掘更多有价值的信息是研究人员的研究目标。数据中的知识如果能通过复杂的分析模型进行深入复杂的分析，挖掘、利用其中的价值，并实现指导人们决策的作用，则为深度分析技术。[③] 常提到的深度分析技术包括 Hadoop 技术。Hadoop 源自 Google（谷歌）在 2003 年发表的一篇可扩展的分布式文件系统[④] 和 2004 年发表的用于大规模数据集并行运算的 Google MapReduce 编程模型[⑤]。IBM（国际商业机器公司）研究人员针对传统分析软件扩展性差及 Hadoop 分析功能薄弱的特点，研究了对 R 和 Hadoop 的集成，最小化跨系统边界的数据传输，通过对数据的并行处理使 Hadoop 获得了强大的深度分析能力，避免了需要重新实现统计或数据管理功能，从而用来解决复杂的问题。[⑥] Wegener 等人则实现了 Weka 和 MapReduce 的集成，实现了类似于 R 语言提供的开源机器学习和数据挖掘工具，不仅突破了原有的可处理数据量的限制，轻松地对超过 100GB 的数据进行分析，同时赋予 MapReduce 技

---

① 徐雁飞，刘渊，吴文鹏. 社交网络数据采集技术研究与应用［J］. 计算机科学，2017，44（1）：277-282.

② CHHIENG V M, WONG R K, FONG S et al. Autonomous path based data acquisition in sensor networks［J］. The journal of supercomputing，2016，72（10）：4021-4042.

③ 覃雄派，王会举，杜小勇，等. 大数据分析：RDBMS 与 MapReduce 的竞争与共生［J］. 软件学报，2012，23（1）：36-49.

④ GHEMAWAT S, GOBIOFF H, LEUNG S T. The Google file system［J］. Acm Sigops operating systems review，2003，37（5）.

⑤ DEAN J, GHEMAWAT S. MapReduce：simplified data processing on large clusters［J］. Communications of the Acm，2008，51（1）：107-113.

⑥ DAS S, SISMANIS Y, BEYER K S, et al. Ricardo：integrating R and Hadoop［C］//Proceedings of the 2010 ACM SIGMOD international Conference on Management of Data.［S. l.］:［s. n.］，2010：987-998.

术深度分析的能力。[1] Dremel 即时数据分析技术是一个可扩展的交互式即时查询系统，通过将多级执行树和列数据布局相结合，能够在几秒钟内运行超过万亿行表的聚合查询。该系统可扩展到数千个CPU 和数兆字节的数据。[2]

3.1.3　岩爆试验大数据

近几年，越来越多的研究人员将大数据技术引入岩爆研究领域，He M C、L. R. E. Sousa 等人将数据挖掘技术应用于数据库，以建立岩爆最大应力和岩爆风险指数的预测模型，提高岩爆预测的准确率[3]；L. R. E. Sousa 等人也将数据挖掘技术应用于岩爆风险评估中[4]；北京理工大学科研人员针对岩爆预测构建了大数据分析模型[5]；Roohollah Faradonbeh、Abbas Tahehi 探讨了情绪神经网络（ENN）、基因表达规划（GEP）、基于决策树的C4.5 算法的三种数据挖掘技术对 134 个岩爆事件的预测精度和适用性，并最终确定了最大切向应力为影响岩爆最大的参数，为岩爆预测提供了依据[6]。这些学者在研究岩爆机理、岩爆预测及防治过程中都使用了数据挖掘、数据分析等大数据相关的技术手段，但是在实验室产生大量的岩爆试验数据的情况下，他们并没有考虑岩爆数据压缩存储的问题。而本篇文章要研究的内容，就是从数据源头考虑，将岩爆试验数据进行压缩、存储，从而为后续的分析处理打下良好的基础。

[1] WEGENER D, MOCK M, ADRANALE D, et al. Toolkit-based high-performance data mining of large data on MapReduce cluster [C] //IEEE International Conference on Data Mining Workshops. [S. l.]: [s. n.], 2009: 296-301.
[2] MELNIK S, GUBAREV A, LONG J J, et al. Dremel: interactive analysis of web-scale datasets [J]. Communications of the Acm, 2010, 3 (1-2): 330-339.
[3] HE M C, SOUSA L R E, MIRANDA T, et al. Rockburst laboratory tests database: application of data mining techniques [J]. Engineering geology, 2015, 185: 116-130.
[4] SOUSA L R E, MIRANDA T, SOUSA RLE, et al. The use of data mining techniques in rockburst risk assessment[J]. Engineering, 2017 (4): 552-558.
[5] 周子楣. 基于岩爆监测的大数据分析模型 [D]. 北京: 北京理工大学, 2016.
[6] FARADONBEH R S, TAHERI A. Long-term prediction of rockburst hazard in deep underground openings using three robust data mining techniques [J]. Engineering with computers, 2019, 35 (2): 659-675.

3.2　多源异构岩爆试验大数据采集系统

在监测岩爆的过程中，由于其特有的突发性和聚变性，复杂环境条件下岩爆的多维特征信息是确认岩爆演化过程和阶段判定的重要依据。因此基于物联网技术的快速发展，针对岩爆开展特征监测，跟踪岩爆的动态变化，同时对产生的大量具有多源性、异构性、多维度和多尺度等特性的实时数据进行数据处理，及时发现和预测岩爆的发生，是进行岩爆预测的一种有效手段。因此迫切需要运用大数据及多源异构传感器网络对岩爆试验数据进行采集、存储和管理。

3.2.1　系统架构设计

3.2.1.1 系统框架设计

深部岩爆的物理特性研究极其困难，并容易造成环境影响，因此采用岩爆室内实验对深部岩爆的环境进行仿真，得到深部岩爆试验数据，对深部采矿研究具有极其重要的影响。本书设计并建立了一个基于多源异构数据的岩爆大数据采集系统，如图 3-1 所示。该系统主要由数据采集层、数据通信层、数据存储层及数据管理层四部分组成。数据采集层主要是通过传感器进行数据的采集、转换和收集。数据通信层的主要任务是通过物联网等技术将相关数据进行稳定传输。数据存储层与数据管理层关系到后来用户提取数据的稳定性和完整性。因此，数据存储层是对不同的数据来源进行整理归档到相应数据库中，并为后期的数据提取和数据融合提供有力依据。数据管理层的主要任务是对数据存储层的数据信息进行管理，为用户在进行查询、调用相关数据操作时提供更加便捷的服务。

在数据采集层，主要采用具有适应深部矿井工作的多个传感器，组建成适合在深部矿井工作并具有良好性能传感器网络。通过该网络不仅可以采集到岩爆试验的现场数据,而且还可以实现对岩爆试验整个过程的实时监测,以及岩爆试验数据的智能化采集和管理。

在数据通信层,对比现有各类典型的有线和无线网络通信传输技术,采用LoRa无线通信技术实现数据采集层数据的传输,该技术不仅具有经济节能、可靠性强等优点,而且比有线技术便于安装和调试。

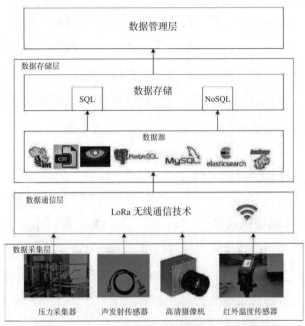

图 3-1 多源异构岩爆试验大数据采集系统架构

在数据存储层,由于多源异构岩爆数据采集系统的数据不仅有红外传感器、应力传感器、声发射传感器等结构化数据,还有图像等非结构化数据,通过采用关系型数据库(SQL)与非关系型数据库(NoSQL)相结合的方式来进行数据处理、打包、压缩。采用两种方式相结合进行数据存储,不仅能够提高运行速度,而且能使系统具有较高稳定性而不至于崩溃,真正做到将两种数据库的优点相结合,从而更加有效地为多源异构大数据融合做准备。

在数据管理层,主要采用Hadoop大数据处理系统,对应用层、语言翻译处理层、数据存取层、数据存储层、操作系统等五个层次进行系统设计，并对数据库进行统一管理与控制，保障了数据库的安全性与完整性，为用户提取和定义数据提供了安全保障。

3.2.1.2 系统功能设计

多源异构岩爆数据采集的主要目的就是有效管理数据采集终端设备并实时在线更新数据，因此针对上述特征，我们设计了一个具有快速、机动、灵活和准确性等相应特点的数据采集传输存储管理平台。该平台既能实现岩爆相关数据从采集到传输再到数据存储管理的全流程管理，也可以兼容多源性、异构性的数据接口。构建数据采集系统功能框架如图 3-2所示。

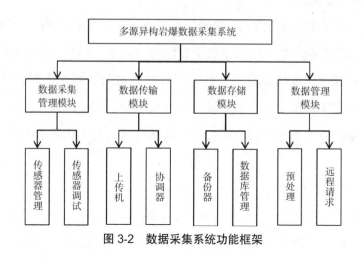

图 3-2　数据采集系统功能框架

1. 数据采集管理模块

数据采集管理模块的主要任务是节点与传感器之间的数据采集管理、调试与控制，以及管理维护传感器与上位机之间传递信息的通信协议。在采集框架中采用 LoRa 无线通信技术，以 LoRaWAN 通信协议为基础实现树形拓扑网络，以及数据从传感器到协调器、从协调器到上位机之间的传输。而且相同数据采集末端的设备，使用统一的通信协议传送数据与指令，如唤醒、休眠、关键参数更新等。

2. 数据传输模块

数据传输模块主要利用LoRa无线网络实现采集数据传感器与上位机之间数据的上传下达。传感器与上位机之间上传下达的过程存在于数据采集管理模块与数据传输模块之间。上传下达也需要管理模块给采集模块发送相关命令，然后采集模块将数据上传到上位机。上位机会对多源异构数据进行格式匹配及去噪处理，得到的相关结果会上传到数据管理模块进行进一步的解析归类处理。因此，上位机与传感器之间信息交互不仅需要远距离通信协议及相关指令匹配，还需要信息格式匹配等工作，只有这样才能实现最好的岩爆室内数据采集系统。

3. 数据存储模块

以科技飞速发展与深入岩爆现象研究为背景，大量多源性、异构性岩爆数据信息不断产生，增强了数据存储管理需求。因此，基于Hadoop生态圈的数据存储模块数据就是在数据管理模块与数据库之间搭建桥梁，这样备份速度会加快，管理员进行存取也安全灵活。同时，该系统为了方便后期存储系统能扩展数据容量，还通过冗余技术提高数据存储的可靠性。

4. 数据管理模块

数据管理模块主要工作就是负责对数据存储模块的数据进行数据库入库，还包括远程请求完成数据变更及简单数据预处理操作，确保系统稳定运行。

3.2.2　系统数据采集

对于岩爆试验，如何选择合适的传感器对岩爆机理研究具有极大影响。一个合适的传感器不仅需要考虑其性能指标与经济性，而且需要考虑其工作环境是否匹配。选择传感器时要确定其精度是否符合实验精确性及产品经济性。对于一般湿度测量工作环境来说，并不需要全湿程（0—

100%RH）测量，而且测量精度越高，其价格会成指数增长。因此，若非实验对精度要求较高，否则选择合适的湿度传感器对数据进行采集才是最重要的。本书遵循经济节能原则，综合调研了市场上常见的传感器，分析了其性能指标，通过综合对比其价格等多方面因素形成了一套完整的传感器采集方案。

3.2.2.1 红外温度传感器（infrared temperature sensor）

红外温度传感器主要通过利用辐射热效应现象，让探测器件在接收热辐射能后温度升高，而温度的变化导致传感器的某一性能发生改变，通过检测该性能变化，便能探测出温度变化（见图 3-3）。该系统采用美国FLIR 高温检测热成像仪GF309 对温度图像进行测量，其工作温度范围在–20℃—50℃，具有标准USB2.0 高速接口及无线通信网络系统，红外图像分辨率在 320×240 像素，测量范围在 0℃—100℃，测量精度在 ±0.1℃。

图 3-3　红外温度传感器

3.2.2.2 应力传感器（pressure sensor）

多源异构岩爆大数据采集系统采用深部岩土力学与地下工程国家重点实验室拥有专利、何满潮院士自主设计的真三轴主机系统、加卸载液压控制系统（见图 3-4）采集应力信息，对采集到的信息进行分析处理、提炼规律。该系统具有三向加载力，而且实验在开始前需要将各通道的力的数值清零。首先，三个方向根据不同的岩石强度确定每级不同的载荷值；其次，均匀施加各级载荷依据设计的应力状态，加载速率 0.5—1.0MPa/s；再次，实验加载到设计应力状态后，放置 15—30 分钟，做好卸载前的准备工作；最后，卸载时关掉卸载方向另一侧的回油油路，迅速卸载某单面荷载，暴露该面试件表面，其他两个方向继续加压直到岩爆。

图 3-4　真三轴主机系统、加卸载液压控制系统

3.2.2.3 声发射传感器（acoustic emission sensor）

声发射传感器是岩爆试验检测系统中的主要元件，也是检测岩体性能的主要因素（见图 3-5）。由于声发射传感器的种类较多，是否选取了合适的声发射传感器，将直接影响到采集数据的真实性和数据处理结果。

该传感器采用可以随外界环境变化而改变物理特性的特定材料物质（如新型材料超导体及常见的陶瓷片和半导体晶体等）制造而成。其工作原理是通过特定材料产生的物理特性改变信号，转变为与之对应的温湿度等被测量值的电压信号。常见的物理特性包含热敏值、光敏值及电压阻值等。而其输出电压V（t，x）公式如下：

$$T（t）\times V（t，x）=U（x，t）$$

U（x，t）是材料表面位移波，T（t）是电压响应函数。

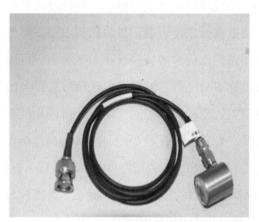

图 3-5　声发射传感器

选择实验中的声发射传感器时，首先要了解被测声发射信号的相关数值精度、频率、幅度范围。在前期对实验材料进行物理测试，得到岩爆实验所采用的花岗岩岩体的声发射频率信号在 25—750kHz 之间。然后在此基础上根据实际情况选择相对声发射信号灵敏度、对噪声信号灵敏度的声发射传感器。因此，在多源异构岩爆试验数据采集系统中采用的是美国 PAC 的 PCI-2 系统内置的宽频带传感器（WD 传感器）。此宽频带传感器频响范围是 100kHz—1MHz，其输入电压范围为 ±10V，具有 18 位 A/D，40MHz 采样，采样速度为 10 000 个/秒；装有 8 个可选参数通道；动态范围＞85dB；4 个高通、6 个低通滤波器；采用 PCI 总线和 DMA 技术进行数据传输、存储；具有低噪声及低价格的优点。

3.2.2.4 高速摄像机（high speed camera）

由于岩爆发生的时间具有突发性及瞬时性，普通摄像机无法高效清晰地捕捉其岩爆画面，因此需要采用具有快速记录、目标捕捉、高清晰、常规回放等优点的高速摄像机。高速摄像机不仅可以应对岩爆发生的短时间内的采样及捕捉目标任务，还能在后续回放过程中呈现更加清晰的图像且以正常速度完成播放。

高速摄像机的原理主要在有光源的基础上，通过光的反射原理在高速成像系统的物镜上形成图像，形成图像后再将通过光电器件的像素感应面对图像目标的光能量进行快速识别，然后控制电路根据上面目标能量分布进行响应并完成图像到点信号的转换过程。光源条件可以是自然光，也可以是人造光源及目标本身光源。经过光电转换后需要将图像信号存储到寄存器中，再经过相关处理工作上传到网络上，由计算机对其进行读取与显示。基于以上原理，本书采用德国 Optronis CMOS高速摄像机进行实验图像采集，其分辨率为1280×1024，数据接口为Camera Link Full，具有高灵敏度CMOS芯片，不仅具有很强的图片记录功能（大概每秒10 000帧的记录水平），并且具有高频动态图像记录功能且该摄像机在采集图像的时候可以改变曝光时间（见图3-6）。该款摄影机与Redlake公司的HG-100K高速相机性能指标相近，但在价格上更有优势。

图 3-6　德国 Optronis CMOS 高速摄像机

3.2.3　系统数据传输

数据通信层就是需要把数据采集层的数据传输到相应的上位机上。其常见的方式分为有线和无线。有线传输方式就是通过电缆或光纤直接将采集设备协调器连接到互联网上，从而实现大数据快速传输。该传输方式具有安全性、稳定性的优点，但其存在线路不易维修等问题。无线传输方式则是采用各大通讯商已经搭建好的移动通信协议网络（如Wi-Fi、蓝牙、ZigBee 等）搭建物联网，并将数据传输至上位机，最终实现数据传输功能。在深部岩爆试验设备数据传输过程中，不仅要经济可靠，而且要便于安装和调试，因此采用LoRa 无线通信技术对数据采集层产生的多源异构大数据进行传输（见图 3-7）。

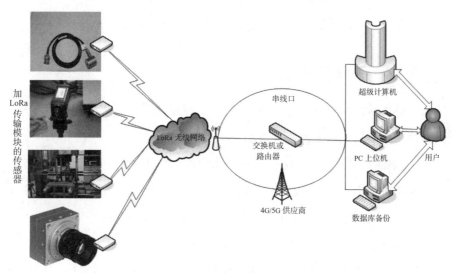

图 3-7　LoRa 无线通信技术通信原理图

　　LoRa 技术是LPWAN 通信技术中的一种，具有远距离、低功耗（电池寿命长）、多节点、低成本的特性，而传统的Wi-Fi 技术则难以同时兼顾距离和成本。LoRa 技术可以根据深部岩爆试验的实际需求，针对性规划网络、部署网关，搭建易上手、低功耗、高覆盖、高容量、安全稳定的深部岩爆试验传输网络。LoRa 技术还融合了数字扩频、数字信号处理和前向纠错编码技术，其中前向纠错编码技术在数据传输之前加入一些编码信号，在接收数据后再进行解调纠错处理。这种方法不仅可以很好地解决在传输过程中由于功率衰落导致的错误码元出现，还减少了数据包修复传输，增强了数据传输的高效性。而且由于噪声是不相关的，而数据具有相关性，数据扩频技术与数字信号处理技术的引用，使

LoRa 技术可以轻松地剔除数据中的冗余信息，也可以通过其大范围的无线电传输较大或较小的数据。ZigBee 技术的调制解调器仅能划分的范围为 10—12 码片/比特，根本不能实现数据还原。而相比之下，融合了数据扩频技术的 LoRa 技术却能拥有下至 64 码片/比特、上至 4096 码片/比特的最高扩频因子。与其他 LPWAN 技术协议相比，LoRa 技术还具有易于上手、易于实现硬件及软件系统、系统复杂度更低、对资源要求较低、轻量级的 LoRaWAN 协议、部署实施简单等优点。

3.2.4　系统数据存储

数据上传到上位机后，通过相关算法对格式及内容进行审查和解析，确定数据合格后直接上传到 Hadoop 数据库中。

在数据存储过程中，我们采用关系型数据库（SQL）与非关系型数据库（NoSQL）相结合的方式进行数据存储。SQL 是最重要的关系数据库操作语言，具有较高的稳定性，但其对生成动态页面存在着一些缺陷；而 NoSQL 是非关系型数据库，对实时生成动态页面具有较大优势，并且具有高可拓展性与高可用性。另外，我们主要对数据库进行了统一管理与控制，实现远程控制传感器、改进网关的连接、优化通信协议程序，保障了数据库的安全性与稳定性。数据管理层主要对五个层次进行系统设计，分别为应用层、语言翻译处理层、数据存取层、数据存储层、操作系统。

由于数据具有多源性与海量性，要求安全使用、安全存储管理，因此数据存储采用磁盘阵列技术，同时可以为以后整个系统的存储容量扩展提供基础，还增强了存储模块的稳定可靠性。数据存储功能采用 Hadoop 生态圈存储管理系统。下一节将对多源异构岩爆试验大数据采集系统采集到的数据进行可视化操作。

3.3　岩爆试验大数据可视化分析

3.3.1　分布可视化分析

我们将原始数据及预处理后的实验数据结果通过MATLAB工具进行了可视化图片展示，根据岩爆试验原始数据中不同数值的数据量，对于5组实验数据中出现的不同数值，通过MATLAB软件做出了岩爆试验原始数据的数据分布图（见图3-8）。

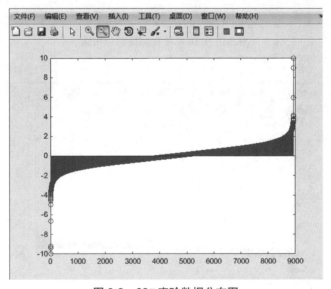

图 3-8　63# 实验数据分布图

图 3-8 中的横坐标表示的是原始实验数据按照升序排列后的第x 个数据，纵坐标代表对应的数值。为了便于清晰观察数据分布特征，图 3-9 将数值 0 附近的实验数据进行了局部放大，根据图 3-8 和图 3-9 可以发现实验数据基本呈对称状分布在 0 的两侧。按照同样的作图方法，将其他四组实验数据分布的可视化图形绘制如下（见图 3-10—图 3-13）。

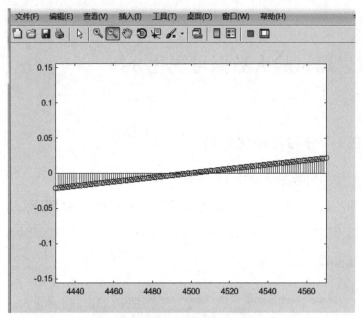

图 3-9　63# 实验数据局部分布图

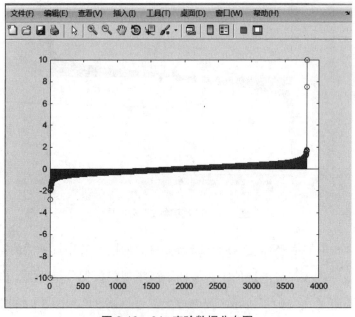

图 3-10　64# 实验数据分布图

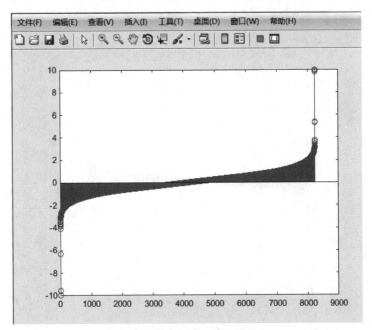

3-11　65# 实验数据分布图

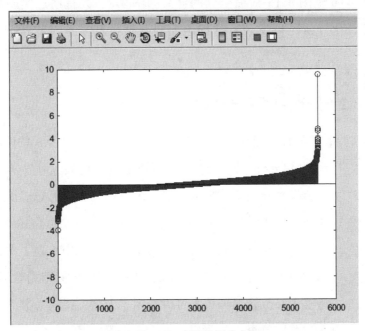

图 3-12　69# 实验数据分布图

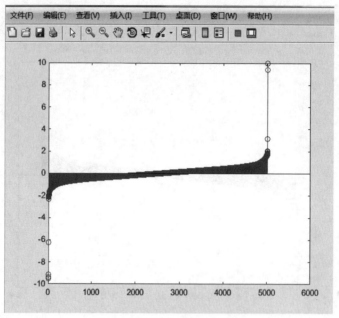

3-13   71# 实验数据分布图

图 3-10 至图 3-13 横纵坐标的含义同图 3-8，并且通过实验数据分布的可视化分析可以发现，这四组实验数据也基本呈对称状分布在 0 两侧。

3.3.2   频数可视化分析

对实验数据分布特征有了直观的认识后，可通过MATLAB 软件对实验数据频数进行可视化分析，做出实验中不同数值对应的频数对数分析图。

图 3-14 中的横坐标表示数据的数值，纵坐标代表数值对应出现的频数。由图 3-14 我们发现，因为 0 出现的频数过多，为 1.33443988 亿次，占总数据 2.20352512 的 60.56%，而有些数据只在文件中出现 1 次，频数差异较大，所以图中 0 处最为凸出，其他数值处的纵坐标则相对不明显，在图 3-15 中将其中心位置局部放大可以看到。为此，我们为数值对应的频数取以 10 为底的对数并以此为纵坐标，之后再通过MATLAB 画图，得到图 3-16。

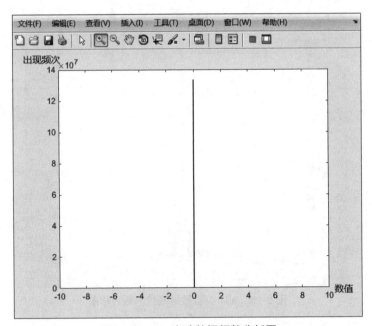

图 3-14 63# 实验数据频数分析图

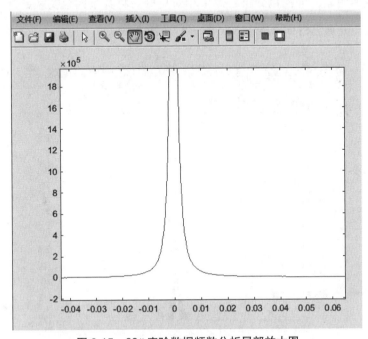

图 3-15 63# 实验数据频数分析局部放大图

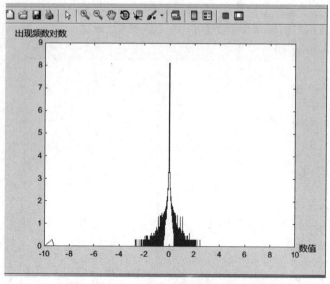

图 3-16　63# 实验数据频数对数分析图

通过图 3-14 与 3-16 的对比发现，对频数取对数之后，数据频数分布特征更加明显，可视化分析的效果相对更好。将其余四组实验数据频数对数分析图分别进行如下展示（见图 3-17—图 3-20）。

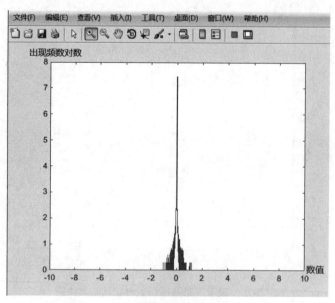

图 3-17　64# 实验数据频数对数分析图

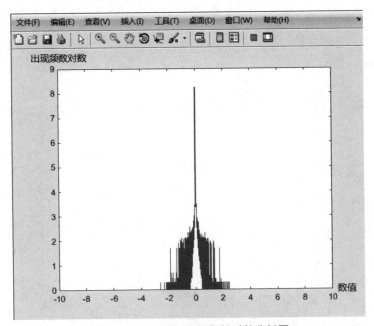

图 3-18　65# 实验数据频数对数分析图

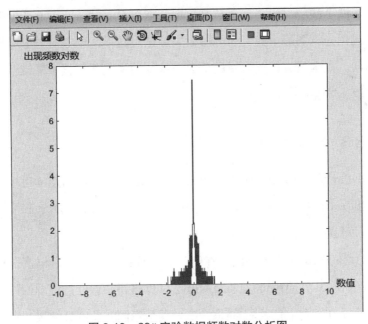

图 3-19　69# 实验数据频数对数分析图

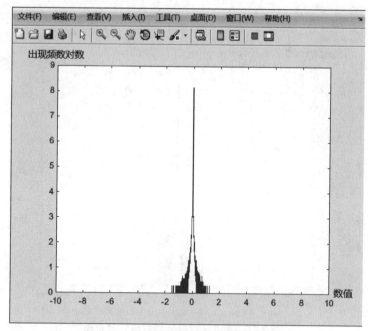

图 3-20　71# 实验数据频数对数分析图

根据以上我们得出，岩爆试验数据基本呈对称状分布于 0 的两侧。从以上可视化分析图形中我们还可得出岩爆试验数据的频数对数分布也基本呈对称状。在定量分析了岩爆试验数据特征的情况下，接下来结合饼图对岩爆数据连续性进行定性的可视化分析。

3.3.3　连续性可视化分析

根据设计的岩爆数据连续性特征分析算法对实验数据连续出现的次数及连续出现 100 次、1000 次以上的数据占比进行了分析统计，将实验统计结果通过可视化动态饼图展示如下。

图 3-21 至 3-25 这 5 幅图是在统计数据连续出现次数后根据得到的数据生成的饼图，并使用Visual Studio 2012 软件将饼图以动态滚动的形式逐一呈现，通过点击右上角的button（按钮）展示不同实验统计结果。点击后对应的按钮处于被激活状态，且窗体出现该组实验的分析饼图。

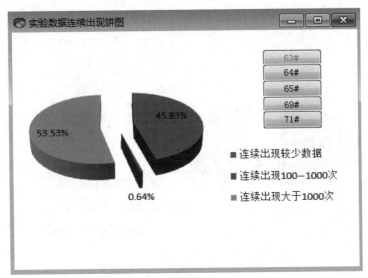

3-21 63# 实验数据连续性分析图

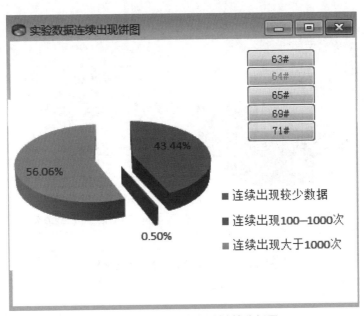

图 3-22 64# 实验数据连续性分析图

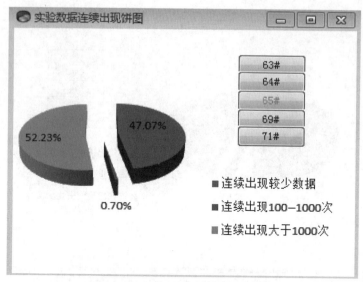

图 3-23　65# 实验数据连续性分析图

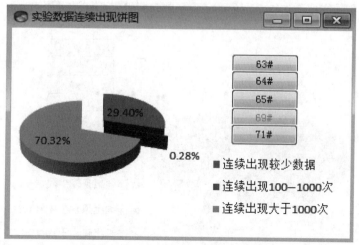

图 3-24　69# 实验数据连续性分析图

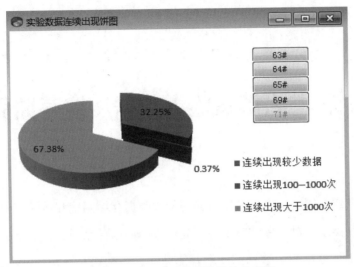

图 3-25 71# 实验数据连续性分析图

通过 MATLAB 及 Visual Studio 2012 工具,我们对 5 组实验数据的分布特征有了直观的印象。这 5 组实验数据最突出的点均为数值 0,数值 0 在实验数据中出现的频次最多,其余数据则基本对称地分布在 0 的两侧,并且越靠近 0 的数值出现的频数越大,且数据连续性明显。这些规律的发现对我们下一步数据压缩存储研究有着至关重要的作用。

第4章 岩爆试验大数据压缩存储算法

本章详细阐述了岩爆试验所面临的大数据存储困境和压缩存储算法的历史及分类。针对岩爆试验亟待研究解决的数据存储问题，本章提出了一系列适于岩爆试验大数据的压缩存储算法，包括VSC算法、NVSC算法、VS算法、VC算法、D-VC算法，然后对上述压缩存储算法分别开展了性能可视化分析和经济效益分析。

4.1 数据存储困境概述

4.1.1 岩爆试验大数据困境

2001年，王文星等提出一种新的研究思路，对岩石进行室内试验，获得岩石的脆性指数、弹性能指数或岩爆倾向性指数等指标，对岩爆进行分类与预测。[①] 自2006年深部岩土力学与地下工程国家重点实验室成功将岩爆过程在室内再现以来，对岩爆机理的研究也上升到了一个新的高度。深部岩土力学与地下工程国家重点实验室在岩爆的机理研究方面做了大量的研

---

① 王文星，潘长良，冯涛. 确定岩石岩爆倾向性的新方法及其应用［J］. 有色金属设计，2001，28（4）：42-46.

究工作，取得了一系列有价值的研究成果。① 然而研究工作也面临着一些困境，如数据存储困境、数据分析困境、预测准确度困境，造成这些困境的主要原因是在岩爆研究中产生了大量的实验数据，这些数据是由岩爆实验的特点决定的，是不可避免的。

以编号为 63# 的花岗岩岩爆实验为例，实验过程中一个小时大概生成 48 906 个文件，硬盘需要 2.41GB 的存储空间来保存这些文件，一天产生的实验数据近百万个，占用硬盘空间近 100GB，按照这个速度，做 10 天的实验就会消耗一块 1T 的存储硬盘。目前，深部岩土力学与地下工程国家重点实验室积累了逾 900TB（近 1PB）的岩爆实验数据。然而令人震惊的是，迄今为止分析量不足 5%。

再以编号为"yqsii6#"的某次岩爆实验为例，其中一个小时采集生成的数据为 33 217 个文件，占用硬盘空间 12GB。其中每个文件生成 4 幅标准的jpg 格式图片，大小为 294KB，占用空间为 300KB。编号为"yqsii6#"的岩爆实验一个小时得到的数据量为 12GB+4×300KB×33217=51.86GB。按市场上主流的台式机硬盘 2T—3T 容量计算，仅"yqsii6#"一个岩爆实验就可以在 39—58 小时内将硬盘空间占满。

---

① HE M C, JIA X N, COLI M, et al. Experimental study of rockbursts in underground quarrying of Carrara marble ［J］. International journal of rock mechanics and mining sciences，2012，52：1-8. HE M C, MIAO J L, FENG J L. Rock burst process of limestone and its acoustic emission characteristics under true-triaxial unloading conditions ［J］. International journal of rock mechanics and mining sciences，2010，47（2）：286-298. HE M C, NIE W, ZHAO Z Y, et al. Experimental investigation of bedding plane orientation on the rockburst behavior of sandstone ［J］. Rock mechanics and rock engineering，2012，45（3）：311-326. 何满潮，谢和平，彭苏萍，等.深部开采岩体力学研究［J］.岩石力学与工程学报，2005，24（16）：2803-2813. 何满潮.深部煤矿灾害机理及监测研究进展［J］.煤炭科技，2007（1）：1-5. 何满潮，苗金丽，李德建，等.深部花岗岩试样岩爆过程实验研究［J］.岩石力学与工程学报，2007（5）：865-876. 何满潮，谢和平，彭苏萍，等.深部开采岩体力学及工程灾害控制研究［J］.煤矿支护，2007，（3）：1-14. 何满潮，杨国兴，苗金丽，等.岩爆实验碎屑分类及其研究方法［J］.岩石力学与工程学报，2009，28（8）：1521-1529. 苗金丽，何满潮，李德建，等.花岗岩应变岩爆声发射特征及微观断裂机制［J］.岩石力学与工程学报，2009，28（8）：1593-1603. 李德建，贾雪娜，苗金丽，等.花岗岩岩爆试验碎屑分形特征分析［J］.岩石力学与工程学报，2010，29（S1）：3280-3289.

仅以深部岩土力学与地下工程国家重点实验室应变岩爆实验项目的部分公开数据为例，涉及的项目如图 4-1 所示。

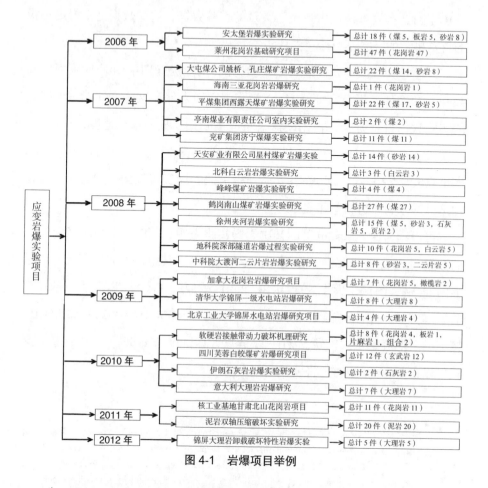

图 4-1　岩爆项目举例

仅以图 4-1 所示的应变岩爆实验项目为例，其涉及的 288 件样本产生的数据量已经非常巨大，约为 900TB（逼近 1PB）。

为了开展研究，我们随机选取了 3 次岩爆实验作为标准的测试数据进行描述。获得的数据如图 4-2 所示。

实验数据	TXT 文档数目	TXT 占用空间
G-1#	41 645个	2.16GB
GO-1#	71 351个	3.75GB
O-1#	29 438个	1.54GB

图 4-2　3 次岩爆实验数据情况

随着研究工作的深入开展，获得的实验数据还在以几何数量级的方式增长。面对堆积如山的数据，只有有效地处理好这些数据，并利用现代化的手段进行分析、加工和提取，才能更好地研究岩爆机理，进而为岩爆的预测奠定基础。

因此，如何解决岩爆分析面临的三个困境——数据存储困境、数据分析困境、预测准确度困境，不仅是深部岩土力学与地下工程国家重点实验室迫切需要解决的问题，也是许多国内外同行共同面对的难题之一。本书以深部岩土力学与地下工程国家重点实验室的岩爆研究为切入点，将计算机学科的大数据技术与人工智能技术引入岩爆机理研究中，从根本上解决岩爆分析面临的困境，从而提出一套完整的岩爆试验大数据人工智能分析方法，为岩爆灾害的防控奠定理论基础。

4.1.2　压缩存储算法历史及分类

压缩存储算法是指在有用信息不丢失的前提条件下，通过缩减数据量来减少存储空间的占用，提高数据传输、存储及处理效率，或通过一些特定的算法，在使数据的冗余程度和存储空间减少的情况下对数据进行重新组织的技术方法。[①]

---

① 陆嘉恒. 大数据挑战与 NoSQL 数据库技术［M］. 北京：电子工业出版社，2013.

在信息论和计算机科学中，通常将数据压缩定义为源编码按照某种特定的编码方法用比未经编码少的数据位元表示信息的过程。数据压缩技术，换一种说法可描述为用紧凑的方式、方法来表示大量信息的技术或科学。人们通过对数据中存在的特征进行提取利用，从而生成紧凑表示方式。数据种类多种多样，包括文本文件中的字符、语音或图像中的波形信息、其他实验过程中出现的数列等。由于人们获得的信息越来越多地是用数字形式生成和利用，所以数据压缩技术应运而生。

数据压缩早期最经典的例子之一是摩尔斯电码，它是由萨缪尔·摩尔斯在19世纪中期设计并实现的。电报发送的字符通过点和划来编码，摩尔斯通过观察注意到，某些字符的出现频率远远高于其他字符，为了减少发送一条消息需要的平均时间，通过将长序列编码分配给出现频率较低的字符，短序列编码分配给频率较高的字符进行编码。这一思想不仅节省了发送消息所需的时间，还为后人提供了数据压缩的新思路，之后的哈夫曼压缩存储算法就利用了这种思想。[①]

压缩存储算法按照不同的标准可分为不同的种类。根据编码的失真程度，可将其分为两类，即无损压缩与有损压缩。解压之后数据信息不损失是无损压缩技术的主要特点。压缩信息在进行无损压缩处理后，可准确地恢复到原数据状态，不遗失任何数据信息。采用有损压缩技术会遗失些数据信息，不能再准确地恢复至原数据状态，但是如果对数据的失真要求并不高，失真程度在允许的范围内，对压缩性能来说，有损压缩高于无损压缩。

根据要压缩的文件类型，可将其分为三类：文本、图像、音频等。对于文本压缩来说，无损压缩的数据压缩方法经常被采用；对于图像文件和音频文件来说，在失真允许的范围内可以采取有损压缩方法来提高压缩效果。

根据压缩实时性的要求，可将数据压缩分为即时压缩和非即时压缩。拨打IP电话的过程就是即时压缩，语音信号被转化为数字信号，同时实时

---

① SAYOOD K. 数据压缩导论［M］. 贾洪峰，译. 北京：人民邮电出版社，2014：1-50.

进行压缩，再通过互联网传送出去。即时压缩一般应用于影像、声音数据的实时传送。非即时压缩常常用于计算机用户，是对图片、文章、音乐等的压缩，视具体情况而定，不具有压缩的即时性。图 4-3 为按照不同的标准进行分类的数据压缩分类图。

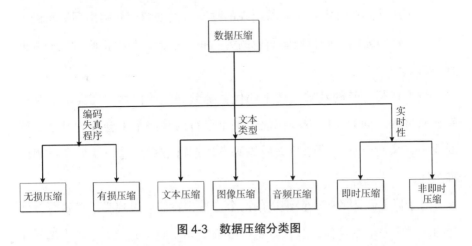

图 4-3　数据压缩分类图

岩爆试验大数据记录着岩石爆破时的本征频谱的声发射特征，其存储形式为文本文件，考虑到岩爆试验数据的特殊性，为了更利于岩爆的研究，我们选择无损压缩方法。无损压缩方法最重要的特点就是保持数据信息的完整性，常见的无损压缩存储算法包括哈夫曼编码、算术编码、词典编码等。

4.1.2.1 哈夫曼编码

哈夫曼编码是由大卫·哈夫曼于 1952 年发明的一种编码方式，它是一种无损数据压缩的熵编码或者称为权编码的算法。[①] 在应用计算机对数据进行处理的过程中，哈夫曼编码对源符号通过采用变长编码表的方式进行编码，所以在哈夫曼编码算法中最重要的一步就是获取变长编码表，对源符号出现的概率评估越准确，得到的变长编码表编码效率越高。变长编码

---

① HUFFMAN D A. A method for the construction of minimum-redundancy codes［J］. Proceedings of the IRE，1952，40（9）：1098-1101.

表中使用较短的编码代替源符号中出现概率较高的字母；反之，源符号中出现概率较低的字母则使用较长的编码来代替。经过哈夫曼编码之后的字符串的平均长度、期望值及冗余度等均降低，达到了无损压缩的目的。哈夫曼编码过程包含两个基本的处理步骤。

（1）统计源信号中各个字符出现的频率，根据源信号中出现频率的大小赋予一定的编码，即与短码对应的为高频率信号，与较长码对应的为低频率信号。

（2）在第一步的基础上用编码代替源数据中的信号，即完成了哈夫曼编码过程。同时，哈夫曼编码中每个字符的编码都不会成为其他编码的前缀，从而保证了使用哈夫曼编码方法进行数据压缩时编码和译码的唯一性。[①]

对于以上叙述的哈夫曼编码的两个步骤，我们通过列举下例进行具体介绍。对于一个给定信源，使其从符号集B={b_1，b_2，b_3，b_4，b_5}中选择输出字母，相应的概率分别为P（b_4）=P（b_5）=0.1，P（b_1）=P（b_3）=0.2，P（b_2）=0.4。以该信源为例设计哈夫曼编码，根据哈夫曼编码原理，编码过程表示如下：

在图4-4中，先将源符号按照出现概率大小排序，对概率最低的b_4、b_5分别指定为0、1码字，之后b_4、b_5组成b_4'并形成新的符号集，再将新符号集按照概率大小排序，重复之前操作，直到为所有符号都分配到相应码字。按照哈夫曼编码过程，最终编码结果如表4-1所示。

对哈夫曼编码算法来说，文本压缩是其常应用的领域，但是有很多研究人员也将其思想引入不同的研究内容。丁琳琳、李正道等人针对规模较大的动态图，提出并设计了一种可达性查询处理方法，从而对图进行边、节点的插入与删除操作，并且经试验验证了其可行性和有效性。[②] 吴黎兵、

① 方世强，李远清，胡刚.文本压缩技术综述［J］.工业工程，2002，5（2）：15-18.
② 丁琳琳，李正道，纪婉婷，等.基于改进哈夫曼编码的大规模动态图可达查询方法［J］.电子学报，2017，45（2）：359-367.

王婷婷等人则将哈夫曼编码的思想引入了车联网的紧急消息广播领域，基于哈夫曼编码提出了类哈夫曼编码的紧急消息广播方法，从而提高了紧急消息广播的及时性，降低了传播延迟作用。[①]

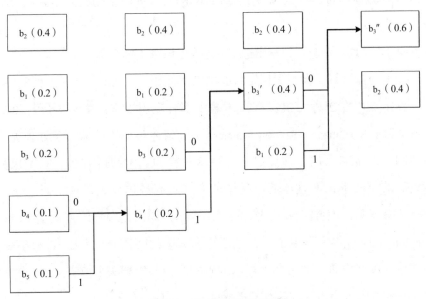

图 4-4　哈夫曼编码过程图

表 4-1　哈夫曼编码表

字母	概率	码字
b_2	0.4	0
b_1	0.2	01
b_3	0.2	000
b_4	0.1	0010
b_5	0.1	0011

---

① 吴黎兵，王婷婷，范静，等. 一种基于类哈夫曼编码的紧急消息广播方法：CN2017 11437989.2［P］. 2018-06-08.

4.1.2.2 算术编码

算术编码也是无损数据压缩中的一种重要的熵编码方法，主要应用于图像压缩。在算术编码过程中，对于源码序列，为其生成特有的由二进制小数表示的标识符（标签），用来代表源码的二进制编码。算术编码方法分为两步：

（1）为给定源码符号序列生成特有的标识符（标签）。

（2）为标识符（标签）指定特有的二进制码。

算术编码在多种无损及有损压缩中都有应用，它是很多国际标准的组成部分。Xu Qinbao、Rizwan Akhtar 等人将算术编码方法应用于处理无线传感网络产生的数据，并提出了一种基于簇的算术编码方法。它不仅具有更高的压缩率，而且还能以递增的方式对起源进行编码和解码。仿真试验结果表明，该方法优于已知的基于算术编码的起源压缩方案。[1] Chen Gonglong、Dong Wei 提出了一种基于算术编码的路径分析方法AdapTracer。该路径分析方法通过采用基于算术编码的路径分析算法来节省空间，并且通过明确考虑每个边缘的执行频率来实现自适应。[2]

4.1.2.3 词典编码

在许多应用中，信源的输出由反复出现的模式组成。一个经典的示例就是一直重复出现特定模式的文本信源。另外，还有一些完全不会出现的模式，或者说即使会出现也是非常罕见的情况。对于一直重复出现特定模式的信源，要为其维护一个常见模式列表，即词典。下面，我们将对词典编码算法进行具体介绍。

1. 词典编码算法

对于信源编码来说，当信源输出中出现特定模式时，编码过程通过引

---

[1] XU Q B，AKHTAR R，ZHANG X，et al. Cluster-based arithmetic coding for data provenance compression in wireless sensor networks［J］. Wireless communications & mobile computing，2018（2018）：1-15.

[2] CHEN G L，DONG W. AdapTracer：adaptive path profiling using arithmetic coding［J］. Journal of systems architecture，2018，88：74-86.

用该特定模式对应的词典来进行。若词典中不含信源中的某个模式，则采用其他方法来编码。换言之，输入分为常见模式和不常见模式两类。在使用词典编码算法达到压缩效果的过程中，信源出现的所有可能模式的数目应该远大于常见模式类，即词典的规模。

如果对于信源拥有相当多的先验知识，那么选择静态词典方法是最为合适的。在一些特定应用中，这一方法特别适用。例如，在对某所大学的学生记录进行压缩时，由于我们事先已经知道某些单词和短语（如name 和 student）几乎会出现在所有记录中，而其他一些单词（如sophomore、credit 等）会经常出现，大学所在位置、社会保障号等更容易出现某些特定的数字，几乎所有项都具有某种重复的特性，在这种情况下采用静态词典方法进行压缩是最好的。在压缩这种情况的数据时，设计一个词典，该词典中包含这些重复模式，基于此提出的压缩方案的压缩效率是非常高的。与此类似，在许多其他情况中，如果专门针对数据或应用程序设计静态词典，再根据静态词典设计编码方案，得到的编码方案具有高效性。不过需要注意的是，这些基于静态词典提出的设计方案只能很好地、高效地处理相应的应用程序和数据，具有很大的局限性。如果在不同的应用中使用这些方案，往往会导致数据膨胀而不是压缩。双字母组合编码是静态词典编码方法中通用性稍强的编码方法。

静态词典编码算法中双字母组合编码是最常见的。在该编码方案中，静态词典包含信源符号集中的所有字母，在词典容量容许的范围内，尽可能多地包含字母对，字母对被称为双字母组。例如，当我们要为所有可打印ASCII 字符的双字母组编码构造一个大小为 256 项的词典时，词典的前 95 项就是 95 个可打印的ASCII 字符，而剩余的 161 个项将是最常用的双字母组。双字母组合编码器读取一个两个字符的输入，并对词典进行搜索，查看该输入内容是否已经存在词典中。如果搜索结果显示存在，则将相应的索引进行编码并发送出去；如果搜索结果显示不存在，则对该字符对的第一个字符进行编码，第二个字符就变成了下一个双字母组的第一个字符，编码器输入另一个字符，使双字母组变完整，之后通过重复查找完成编码过程。

对于特定的应用程序或特定数据内容来说，常用静态词典编码进行数据压缩，但是考虑算法的通用性时，最常用的词典编码方法则是动态自适应词典编码。动态自适应词典编码与静态词典编码不同的是，其在编码过程中词典内容随处理的数据不同而动态建立词典编码表。自适应词典编码技术通过Jacob Ziv 和Abraham Lempel 两位研究人员分别在 1977 年和 1978 年发表了两篇动态建立词典编码表的文章。[①] 这两篇论文针对动态自适应构建词典提供了两种不同的编码方法，同时基于两种方法又衍生出一系列变体。基于 1977 年发表的论文的方法，人们将其划归为LZ77 系列或称为LZ1，而基于 1978 年发表的论文的方法则被划归为LZ78 系列或称为LZ2。

在LZ77 编码方法中，之前经过编码的序列中的一部分为词典。编码器在查看输入的源码序列时，通过采用滑动窗口方法来进行，如图 4-5 所示。查找缓冲区和先行缓冲区是滑动窗口的两部分。其中，已编码序列的部分成为查找缓冲区，而先行缓冲区则包含了待编码序列的下一部分内容。在图 4-5 中，可以观察到查找缓冲区和先行缓冲区包含的字符数，分别为 7 个字符和 6 个字符。图 4-5 只是简单示例，而在实际压缩情况中，各个缓冲区的存储容量都要大很多。

在编码先行缓冲区中的符号序列时，在查找缓冲区中，编码器会回退移动查找指针，直到匹配指针查找到的字符与待编码的先行缓冲区中的第一个符号相匹配。偏移量为匹配指针和先行缓冲区中首字母之间的距离。在查找到第一个符号后，编码器继续将指针位置之后的符号与先行缓冲区中的连续符号进行匹配。匹配长度，即为查找缓冲区中的连续符号和先

---

① ZIV J，LEMPEL A. A universal algorithm for sequential data compression［J］. IEEE transactions on information theory，1977，23（3）：337-343. ZIV J，LEMPEL A. Compression of individual sequences via variable-rate coding［J］. IEEE transactions on information theory，1978，24（5）：530-536.

行缓冲区中连续符号相同的数目。编码器在查找缓冲区中找到最长匹配项后，通过三元组（o，1，c）对其进行编码，三元组中的o代表偏移量，即offset，1代表匹配长度，即length，c为最长匹配项之后先行缓冲区的码字。在图 4-5 中，输出的三元组为（7，3，a）。

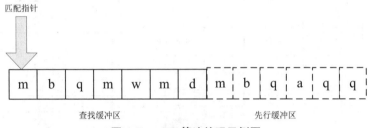

图 4-5　LZ77 算法编码示例图

当查找缓冲区与先行缓冲区中存在不含匹配字符串的情况时，第三个元素c为相应的不匹配符号，偏移量o 和匹配长度l均被置零。

自适应词典编码算法中还有一种基本算法为LZ78算法。LZ78算法在进行数据压缩过程中也需要维护一个动态词典，这个动态词典既包括历史字符串的索引，也包括字符串的内容。LZ78算法按照以下三步进行数据压缩。

（1）在编码过程中，若当前待编码的字符c 在词典表中尚未出现，则输出编码结果为（0，c）。

（2）在编码过程中，若当前待编码的字符c 在词典表中出现，则与词典中的字符进行最长匹配，并且将其编码为（prefixIndex，lastChar），编码结果中prefixIndex表示最长匹配项的前缀字符串，lastChar表示与最长匹配相适应的第一个字符。

（3）在编码过程中，对最后出现的待编码的字符进行特殊处理，将其编码为prefixIndex。

根据上述自适应编码算法LZ78 算法的编码过程，通过举例进行说明。对给定字符串 "sqqmqmsqnqmssqmssq" 进行编码，压缩编码过程如图 4-6所示。

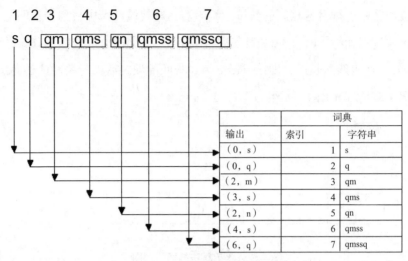

图 4-6　LZ78 算法编码示例图

2. 词典编码算法应用

词典编码算法中自适应词典的应用较为广泛，尤其对LZ77算法和LZ78算法的改进应用较多。图像压缩中的可移植网络图形PNG中使用的压缩存储算法就是以LZ77算法为基础的。而图形交换格式GIF 使用的LZM算法是LZ78 算法的变体算法。LZW 算法早期实现还包括文件压缩UNIX compress。近几年，对于自适应词典编码方法的研究不在少数，Francis G. Wolff、Chris Papachristou 等人使用LZ77 算法进行基于多扫描的测试压缩和硬件进行解压缩研究[1]，Vinodh Gopal、S. M. Gulley 等人在LZ77 算法的基础上研究了高效数据解压技术[2]，Aronica Salvatore、Alessio Langiu 等人在LZ78 算法的基础上对压缩器进行了优化分析[3] 等。

---

① WOLFF F G，PAPACHRISTOU C. Multiscan-based test compression and hardware decompression using LZ77［C］//Proceedings of IEEE international test conference.［S. l.］:［s. n.］，2002：331-339.

② GOPAL V，GULLEY S M，GUILFORD J D. Technologies for efficient LZ77-based data decompression：WO2015US46540［P］. 2016-03-31.

③ ARONICA S，LANGIU A，MARZI F，et al. On optimal parsing for LZ78-like compressors［J］. Theoretical computer science，2018，710：19-28.

4.2 岩爆试验大数据压缩存储算法

4.2.1 VSC 算法

本小节介绍数值-位置-个数压缩存储算法（Value & Site & Count Algorithm，VSC）。

4.2.1.1 存储格式

通过上一章对原始数据的展示，我们了解到岩爆试验数据的存储格式为 4096 行×1 列的矩阵存储方法，再结合表 4-1 试验数据特征汇总表，可知数据中存在大量的重复个数，63# 试验矩阵 $A_{63\#}$ 中有 8927 个非零元素，且非零元素个数远远小于矩阵元素的数，即 8927<<220352512×1=220352512，而 $A_{63\#}$ 为稀疏矩阵[①]。对于稀疏矩阵，有以下公式：

$$e=s/（m×n）\tag{4-1}$$

式中e：矩阵的稀疏因子

s：非零元素个数

m×n：矩阵元素个数

对上述 63# 试验数据来说，其稀疏因子代入公式（4-1）后可得：

$$e_{63\#}=4.0512×10^{-5}$$

由该组试验的稀疏因子可知，岩爆试验大数据用数组存储稀疏矩阵时，仅有少部分空间被利用，造成空间的浪费。

在稀疏矩阵的存储方法中，大家熟知一种三元组表的存储结构。为节省稀疏矩阵的存储空间，用三元组表存储方式表示稀疏矩阵的内容。稀疏矩阵中含有大量零元素，并且其非零元素的分布通常不存在分布规律，在

---

① 徐林生.卸荷状态下岩爆岩石力学试验［J］.重庆交通学院学报，2003，22（1）：1-4.

对这些非零元素进行存储的过程中，通过记录非零元素分布的行和列的位置值来存储矩阵信息。当给定一个稀疏矩阵$A_{m \times n}$，矩阵中的任何一非零元素都可以通过一个三元组（m，n，a）对矩阵中的非零元素进行唯一确定[①]。

本书通过对原始数据和预处理后的数据进行分析及特征提取，发现对于岩爆实验数据来说，稀疏矩阵中除了存在大比例零元素，存储的数据也存在分布规律，一维数组中连续出现的数据元素比较多。对于要研究的岩爆实验数据的压缩来说，将三元组的存储结构同岩爆实验大数据的特征相结合，从而提出一种新的数据压缩存储算法——数值–位置–个数压缩存储算法，即将合并后的原始数据的一列存储格式处理为三列存储方式，对岩爆实验原始数据的存储方式只有一列。提出的压缩存储算法的三列对应的分别为数值、位置、个数，用英文单词表示为value、site、count，因此将这种压缩存储方式命名为VSC算法。其中，V代表数据的数值（value），S代表数据出现的行数位置（site），而C则代表连续出现的数据个数（count）。

4.2.1.2 算法描述

```
VSC data compression algorithm
VSC 数据压缩存储算法
─────────────────────────────────────────────
Input：path；// 文件路径
       k=1；// 计数器初始化
       line=1；// 读取位置初始化
While! infile.eof（）
{
       cur=readline；
       next=readline+1；
       compare（cur&next）；// 自定义比较函数
       if cur=next
         k=k+1；
       else
         k=1；
         output（cur，line-k，k）；
       update cur；
       update next；
}
End
```

图 4-7　VSC 数据压缩存储算法

─────────────────

① 葛修润，任建喜，蒲毅彬，等. 岩土损伤力学宏细观试验研究［M］. 北京：科学出版社，2004.

4.2.1.3 算法流程图

根据算法的具体描述，我们绘制了该算法相应的流程图（见图 4-8）。

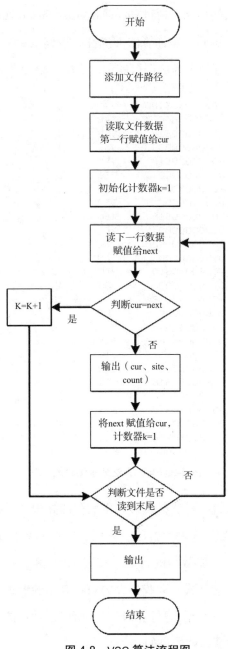

图 4-8　VSC 算法流程图

4.2.1.4 试验结果

在已设计VSC算法流程图及算法描述语言的基础上，通过具体代码的编写实现了VSC算法的功能，通过Microsoft Visual Studio 2012软件平台将5组试验数据分别进行试验，验证算法准确性，得到试验结果。以下仍以编号63#实验数据的处理结果为例进行展示，实验结果如图4-9所示。

```
-0.00030518     742     6
 0.00000000     748     1
-0.00030518     749     4
 0.00000000     753     1
-0.00030518     754     2
 0.00000000     756     1
-0.00030518     757     2
 0.00000000     759     1
-0.00030518     760     3
 0.00000000     763     1
-0.00030518     764     4
 0.00000000     768     1
-0.00030518     769     13
 0.00000000     782     1
-0.00030518     783     12
 0.00000000     795     2
-0.00030518     797     18
 0.00000000     815     2
-0.00030518     817     13
 0.00000000     830     1
-0.00030518     831     2
 0.00000000     833     1
-0.00030518     834     6
 0.00000000     840     1
-0.00030518     841     2
 0.00000000     843     1
```

图 4-9 VSC 算法处理结果图

在图4-9中，原始一列数据经VSC压缩存储算法处理后，存储结构为三列数据，即n×3的矩阵表示方法。其中，左侧一列数据为实验数据数值，中间一列数据为实验数据的行数（位置），右侧一列数据为数值连续出现的次数。这种存储格式，即我们提的VSC算法的形式。因为数据连续性特征分析算法证实了数据大量连续出现，所以这种存储格式大大节省了存储空间，实现了数据压缩的目的。

4.2.1.5 实验性能分析

将 5 组实验压缩结果统计于表 4-2 中。

表 4-2　VSC 算法实验性能分析表

实验编号	原始数据占空间（GB）	经VSC 算法处理后占空间（MB）	压缩率
63#	2.66	250	9.40%
64#	0.57	42.5	7.50%
65#	3.49	375	10.75%
69#	0.49	29.4	6.00%
71#	2.39	183	7.66%

表 4-2 中除了统计了原始数据、经VSC 算法处理后的数据所占空间，还统计了压缩存储算法的压缩率，其计算公式如公式（4-2）所示。

$$压缩率 = \frac{算法处理后所占空间}{原始数据所占空间} \quad （4\text{-}2）$$

根据表 4-2 的统计结果，我们能够明显地观察到经VSC算法压缩后所占存储空间远远小于原始数据所占空间。但是这一算法同主流压缩软件相比，哪种压缩率更小呢？我们将 VSC 算法与 WinRAR算法进行了对比，对比结果见表4-3。

表 4-3　VSC 算法与 WinRAR 压缩性能对比表

实验编号	原始数据占空间（GB）	VSC 算法		WinRAR 算法	
		经VSC 算法处理后占空间（MB）	压缩率	经WinRAR 算法处理后占空间（MB）	压缩率
63#	2.66	250	9.40%	104	3.91%
64#	0.57	42.5	7.50%	17.8	3.12%
65#	3.49	375	10.75%	153	4.38%
69#	0.49	29.4	6.00%	13.1	2.67%

（续表）

实验编号	原始数据占空间（GB）	VSC 算法		WinRAR 算法	
		经VSC 算法处理后占空间（MB）	压缩率	经WinRAR 算法处理后占空间（MB）	压缩率
71#	2.39	183	7.66%	79.6	3.33%

通过表 4-3 中压缩后所占空间及压缩率的对比发现，WinRAR 算法的压缩效果更好。因此，下一步我们的工作内容是对VSC 算法进行改进。

4.2.2 NVSC 算法

本小节介绍改进的数值– 位置– 个数压缩存储算法（New Value & Site & Count Algorithm，NVSC）。

4.2.2.1 存储格式

在上一小节中，提出了适于岩爆试验大数据的压缩存储算法VSC 算法，并且通过试验得出VSC 算法具有很好的压缩效果，但是相较于常用的主流压缩软件WinRAR 还是存在不足，因此本节会对VSC 算法进行改进。

VSC 算法是基于岩爆试验数据中数值连续出现次数较多的数据特征设计的，根据实验数据统计算法做出了岩爆试验大数据的频数表。通过对频数表的进一步分析发现，实验数据中出现频数最多的数据是 0，表 4-4 为 5 组实验数据出现 0 的频数及其占比。

表 4-4 0 出现的频数及占比表

实验编号	数据总量	0 出现频数	0 占总数据量比例
63#	220352512	133443988	60.56%
64#	46022656	28823585	62.63%
65#	289079296	171361139	59.28%
69#	39559168	29822285	75.39%
71#	198074368	142848842	72.19%

通过表 4-4，可以看到每组实验中的数据 0 在总体数据中所占比例很高，均超过 50%，本书考虑的第二种算法是对 VSC 算法进行改进，改进的部分是在数据压缩之后还能完全解压的前提下，将数据中的 0 去掉。新的算法为改进的数值 - 位置 - 个数压缩存储算法，NVSC 算法较之前的算法要考虑的是当数据为 0 时不输出的问题，因此 NVSC 算法在存储格式上并没有发生改变，仍为（value，site，count）的 $n \times 3$ 存储方式。

4.2.2.2 算法描述

NVSC data compression algorithm

NVSC 数据压缩存储算法

```
Input：path；// 文件路径
        k=1；// 计数器初始化
        line=1；// 读取位置初始化
While! infile.eof（）
{
        cur=readline；
        next=readline+1；
        compare（cur&next）；
        if cur=next
          k=k+1；
        else
          k=1；
        update cur；
        update next；
}
Cur ≠ 0；// 数据为 0 时不输出
Output（cur，line-k，k）
```

图 4-10　NVSC 数据压缩存储算法

4.2.2.3 算法流程图

根据算法的设计机理，我们绘制了该算法相应的流程图（见图 4-11）。

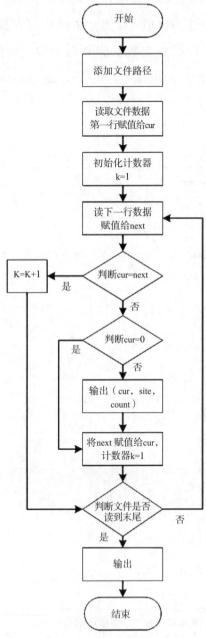

图 4-11　NVSC 算法流程图

4.2.2.4 实验结果

在已设计NVSC算法流程图及算法描述语言的基础上，通过具体程序语言的编写实现了NVSC算法的功能，对选取的 5 组岩爆实验数据分别进行处理，验证算法准确性，得到实验结果。以下为 63# 实验数据的实验结果（见图 4-12）。

-0.00091553	1	1
-0.00061035	2	1
-0.00030518	3	1
-0.00030518	5	1
-0.00030518	7	2
-0.00030518	10	2
-0.00030518	13	5
-0.00030518	19	9
-0.00030518	32	3
-0.00030518	36	3
-0.00030518	41	2
-0.00030518	44	2
-0.00030518	48	6
-0.00030518	55	1
-0.00030518	57	4
-0.00030518	62	7
-0.00030518	73	1
-0.00030518	76	2
-0.00030518	79	4
-0.00030518	84	1
-0.00030518	86	3
-0.00030518	92	2

图 4-12　NVSC 算法处理结果图

在图 4-12 中，原始数据的一列经 NVSC 压缩存储算法处理后，存储结构也为三列数据，即 n×3 的矩阵表示方法。其中，左侧一列数据为实验数据数值，中间一列数据为实验数据的行数（位置），右侧一列数据为数值连续出现的次数。但与 VSC 算法的不同之处在于，左侧一列中的数据均为非零值，其中中间空余的位置就是删掉的 0，解压后将空位置用 0 补齐即可。这种压缩存储方法，即我们提出的 NVSC 算法形式。

4.2.2.5 实验性能分析

分别对 5 组实验进行压缩，将 5 组实验压缩结果统计于表 4-5 中。

表 4-5　NVSC 算法实验性能分析表

实验编号	原始数据占空间（GB）	经NVSC 算法处理后占空间（MB）	压缩率
63#	2.66	220	8.27%
64#	0.57	36.9	6.47%
65#	3.49	335	9.60%
69#	0.49	25.7	5.25%
71#	2.39	165	6.90%

为了对比NVSC、VSC、WinRAR 三种压缩方法的压缩性能，将对应的压缩率汇总于表 4-6 中。

表 4-6　三种压缩方法压缩率对比表

实验编号	原始数据占空间（GB）	NVSC 算法压缩率	VSC 算法压缩率	WinRAR 算法压缩率
63#	2.66	8.27%	9.40%	3.91%
64#	0.57	6.47%	7.50%	3.12%
65#	3.49	9.60%	10.75%	4.38%
69#	0.49	5.25%	6.00%	2.67%
71#	2.39	6.90%	7.66%	3.33%

表4-6中第三、四、五列中对应的三种压缩方法的压缩率对比表明，改进的NVSC算法较之前的VSC算法压缩效果有了很大的提高，相较于WinRAR算法，其压缩率也较高，但压缩性能不如WinRAR算法好。接下来还需要提出新改进的压缩方案。

4.2.3　VS 算法

本小节介绍数值–位置压缩存储算法（Value & Site Algorithm，VS）。

4.2.3.1 存储结构

为了能够在压缩存储时不丢失数据信息，我们在设计压缩存储算法 VSC 和 NVSC 时，首先考虑的是记录三列数据，包括数值、数据位置及数据个数信息，但是以上提出的两种压缩存储算法的压缩效果并没有 WinRAR 算法直接压缩的效果好。为了提升压缩效果，我们考虑将三列处理为两列来记录数据信息，即 $n \times 3$ 的矩阵存储形式处理为 $n \times 2$ 的形式。在记录两列数据时，要注意的是不可以删掉数据 0，否则在解压时就无法完全还原数据信息。在原有 VSC 算法的存储格式的基础上进行改进，首先提出只记录数据、位置两列岩爆数据的数值–位置压缩存储算法。

4.2.3.2 算法描述

VS data compression algorithm

VS 数据压缩存储算法

```
Input：path；// 文件路径
       k=1；// 计数器初始化
       line=1；// 读取位置初始化
While! infile.eof（ ）
{
       cur=readline；
       next=readline+1；
       compare（cur&next）；
       if cur=next
         k=k+1；
       else
         k=1；
         output（cur，line-k）；
       update cur；
       update next；
}
End
```

图 4-13　VS 数据压缩存储算法

4.2.3.3 算法流程图

根据算法的设计思路,我们绘制了该算法相应的流程图(见图 4-14)。

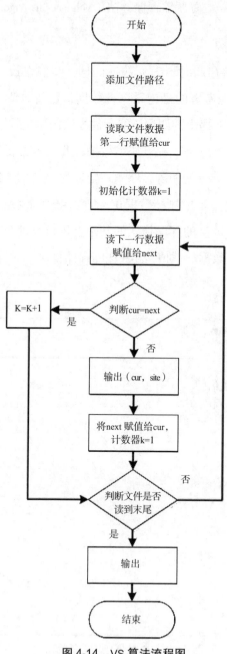

图 4-14 VS 算法流程图

4.2.3.4 实验结果

在已设计 VS 算法流程图及算法描述语言的基础上，通过具体程序语言的编写实现了 VS 算法的功能，对选取的 5 组岩爆实验数据分别进行处理，验证算法准确性，得到实验结果。以下为编号 63# 实验数据的处理结果（见图 4-15）。

0.00061035	1
0.00030518	2
0.00000000	3
-0.00030518	4
0.00000000	5
-0.00030518	6
0.00000000	7
-0.00030518	11
0.00000000	12
-0.00030518	13
0.00000000	15
-0.00030518	19
0.00000000	20
-0.00030518	24
0.00000000	26
-0.00030518	29
0.00000000	30
-0.00030518	31
0.00000000	37
-0.00030518	39
0.00000000	40
-0.00030518	46
0.00000000	47
-0.00030518	48
0.00000000	50
-0.00030518	55
0.00000000	56
-0.00030518	57
0.00000000	58
-0.00030518	61
0.00000000	65
-0.00030518	66
0.00000000	70

图 4-15　VS 算法处理结果图

在图 4-15 中，原始数据的一列经 VS 压缩存储算法处理后，存储结构为两列数据，即 $n \times 2$ 的矩阵表示方法。其中，左侧一列数据为实验数据数值，右侧一列数据为实验数据的行数（位置），这种压缩存储算法就是我们提出的VS 算法形式。

4.2.3.5 实验性能分析

将 5 组实验压缩结果统计于表 4-7 中。

表 4-7　VS 算法实验结果统计表

实验编号	原始数据占空间（GB）	经VS 算法处理后占空间（MB）	压缩率
63#	2.66	227	8.53%
64#	0.57	38.1	6.68%
65#	3.49	344	9.86%
69#	0.49	26.7	5.45%
71#	2.39	168	7.03%

对于VS 算法，通过表 4-8 将其与NVSC 算法和VSC 算法的压缩率进行对比分析。

表 4-8　三种压缩方法压缩率对比表

实验编号	原始数据占空间（GB）	VSC 算法压缩率	NVSC 算法压缩率	VS 算法压缩率
63#	2.66	9.40%	8.27%	8.53%
64#	0.57	7.50%	6.47%	6.68%
65#	3.49	10.75%	9.60%	9.86%
69#	0.49	6.00%	5.25%	5.45%
71#	2.39	7.66%	6.90%	7.03%

对比分析结果发现，改进的VS 算法与VSC 算法相比，压缩率有了明显的降低，但是其压缩性能不如NVSC 算法。接下来，我们用VC 算法分析其压缩效果。

4.2.4　VC 算法

本小节介绍数值–个数压缩存储算法（Value & Count Algorithm，VC）。

4.2.4.1 存储结构

4.2.3 节中我们将 VSC 算法进行了改进，将原始数据由 n×3 的矩阵存储形式处理为 n×2 的形式，提出了只记录数据、位置两列的 VS 算法。在此，我们对 VSC 算法又进行了一次改进，数据存储格式仍为 n×2 的矩阵形式，输出的结果为（value，count），即数值–个数压缩存储算法。

4.2.4.2 算法描述

VC data compression algorithm
VC 数据压缩存储算法

```
Input：path；// 文件路径
        k=1；// 计数器初始化
        line=1；// 读取位置初始化
While! infile.eof（）
{
        cur=readline；
        next=readline+1；
        compare cur&next；
        if cur=next
          k=k+1；
        else
          k=1；
        output（cur，k）；
        end
        update cur；
        update next；
}
End
```

图 4-16　VC 数据压缩存储算法

4.2.4.3 算法流程图

根据算法的设计思路，我们绘制了该算法相应的流程图（见图 4-17）。

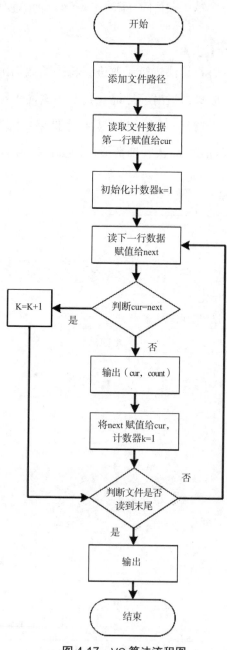

图 4-17　VC 算法流程图

4.2.4.4 实验结果

在已设计VC算法流程图及算法描述语言的基础上，通过具体程序语言的编写实现了VC算法的功能，以下为编号63#实验数据的处理结果（见图4-18）。

0.00061035	1
0.00030518	1
0.00000000	1
-0.00030518	1
0.00000000	1
-0.00030518	1
0.00000000	4
-0.00030518	1
0.00000000	1
-0.00030518	2
0.00000000	4
-0.00030518	1
0.00000000	4
-0.00030518	2
0.00000000	3
-0.00030518	1
0.00000000	1
-0.00030518	6
0.00000000	2
-0.00030518	1
0.00000000	6
-0.00030518	1
0.00000000	1
-0.00030518	2
0.00000000	5
-0.00030518	1
0.00000000	1
-0.00030518	1
0.00000000	3
-0.00030518	4
0.00000000	1
-0.00030518	4
0.00000000	2

图 4-18　VC 算法处理结果图

图4-18中是$n \times 2$的矩阵存储格式，其中左侧一列数据为实验数据数值，右侧一列数据为实验数据的连续值，这种压缩存储方法是我们提出的VC算法的实验结果。

4.2.4.5 实验性能分析

将5组实验压缩结果统计于表4-9中。

表 4-9　VC 算法实验结果统计表

实验编号	原始数据占空间（GB）	经VC 算法处理后占空间（MB）	压缩率
63#	2.66	81.5	3.06%
64#	0.57	13.7	2.40%
65#	3.49	116	3.32%
69#	0.49	10.2	2.08%
71#	2.39	63	2.64%

通过表 4-7 与表 4-9 的对比分析，我们能明显看到VC 算法较VS 算法有更好的压缩效果。

在以上 4 种针对岩爆试验大数据的压缩存储算法中，我们通过对岩爆实验数据的特征分析，设计出一种原始算法及相应的三种改进算法，通过对 4 种算法的程序实现，将 5 组岩爆试验数据分别进行了压缩试验并且统计于各表中。下面我们将 4 种算法的实验结果汇总于一个表中（见表 4-10、表 4-11）。

表 4-10　4 种压缩存储算法占空间对比表

实验编号	原始数据（MB）	经VSC 算法处理后占空间（MB）	经NVSC 算法处理后占空间（MB）	经VS 算法处理后占空间（MB）	经VC 算法处理后占空间（MB）
63#	2660	250	220	227	81.5
64#	570	42.5	36.9	38.1	13.7
65#	3490	375	335	344	116
69#	490	29.4	25.7	26.7	10.2
71#	2390	183	165	168	63

表 4-11　4 种压缩存储算法压缩率对比表

实验编号	原始数据	经VSC 算法处理压缩率	经NVSC 算法处理压缩率	经VS 算法处理压缩率	经VC 算法处理压缩率
63#	100%	9.40%	8.27%	8.53%	3.06%
64#	100%	7.50%	6.47%	6.68%	2.40%
65#	100%	10.75%	9.60%	9.86%	3.32%
69#	100%	6.00%	5.25%	5.45%	2.08%
71#	100%	7.66%	6.90%	7.03%	2.64%
平均	100%	8.26%	7.30%	7.51%	2.70%

通过表 4-10、表 4-11 对 4 种算法进行对比分析，我们得出对于岩爆实验数据的压缩存储研究，压缩率最低的是 VC 算法，5 组实验的平均压缩率为 2.70%。接下来，结合本章对自适应词典编码 LZ78 算法研究，对 VC 算法进行进一步改进。

4.2.5　D–VC 算法

本小节介绍词典编码数值–个数压缩存储算法（Dictionary-Value & Count Algorithm，D-VC）。

4.2.5.1 存储结构

本书为大家介绍了词典方法，并且着重介绍了自适应词典编码算法中的 LZ77 算法和 LZ78 算法。结合词典编码算法中的 LZ78 算法及上一节中适于岩爆试验数据的压缩存储算法 VC 算法，我们设计了新的压缩存储算法——词典编码数值– 个数压缩存储算法。

4.2.5.2 算法描述

D-VC data compression algorithm

D-VC 数据压缩存储算法

```
Input：path；// 文件路径
       k=1；// 计数器初始化
       line=1；// 读取位置初始化
While! infile.eof（）
{
       cur=readline；
       next=readline+1；
       for i=1，2，…，index_num
       times=（cur%representative［i］）；
       if times==0 // 判断 cur 能否用词典表中的字符表示
          compare（cur&next）；// 自定义比较函数，判断数值是否相等
          if cur=next
            k=k+1；
          else
            k=1；
            output（strcat（times，string［i］），k）；
       else
          establish（string，representative，index）；// 建立新的词典
          compare（cur&next）；
            if cur=next；
              k=k+1；
            else
              k=1；
              output（strcat（times，string［i］），k）；
       update cur；
       update next；
}
End
```

图 4-19　D-VC 数据压缩存储算法

4.2.5.3 算法流程图

试验流程图如 4-20 所示。

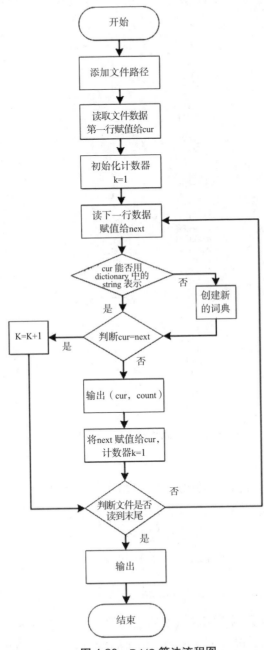

图 4-20　D-VC 算法流程图

4.2.5.4 实验结果

在上述设计的D-VC算法流程图及算法描述语言的基础上，通过具体程序语言的编写实现了D-VC算法的功能，以下为编号63#实验数据的处理结果（见图4-21）。

```
A      1
B      1
O      1
—B     1
O      1
—B     1
O      4
—B     1
O      1
—B     2
O      4
—B     1
O      4
—B     2
O      3
—B     1
O      1
—B     6
O      2
—B     1
O      6
—B     1
O      1
—B     2
O      5
—B     1
O      1
—B     1
O      3
—B     4
O      1
—B     4
O      2
```

图 4-21 D-VC 算法处理结果图

```
String   Representative   Index
A        0.00061035       1
B        0.00030518       2
```

图 4-22 D-VC 算法词典编码图

图4-21中为$n \times 2$的矩阵存储格式，其中左侧一列为实验数据对应的字符串，右侧一列数据为实验数据的连续值。图4-22为D-VC算法得到的词典编码图，图中分别给出了字符、相应的数据及在文件中的索引位置。

4.2.5.5 实验性能分析

将 5 组实验压缩结果统计于表 4-12 中。

表 4-12　D-VC 算法实验结果统计表

实验编号	原始数据占空间（GB）	经D-VC 算法处理后占空间（MB）	压缩率
63#	2.66	57.7	2.17%
64#	0.57	9.88	1.73%
65#	3.49	81.6	2.34%
69#	0.49	7.26	1.48%
71#	2.39	44.1	1.85%

从表 D-VC 算法的结果观察到，该算法的压缩率已经很低。将基于 LZ78 算法改进的 D-VC 算法与 VC 算法的压缩效果汇总于表 4-13 中进行对比分析。

表 4-13　D-VC 算法与 VC 算法压缩率对比表

实验编号	原始数据占空间（GB）	D-VC 算法压缩率	VC 算法压缩率
63#	2.66	2.17%	3.06%
64#	0.57	1.73%	2.40%
65#	3.49	2.34%	3.32%
69#	0.49	1.48%	2.08%
71#	2.39	1.85%	2.64%

从表 4-13 对比结果可观察到，改进的 D-VC 算法较 VC 算法的压缩性能也有很大提升。将用 D-VC 算法处理后的结果与原始数据直接经主流压缩软件快压、360 压缩、WinRAR 压缩后的结果进行比较，结果见表 4-14、表 4-15。

表 4-14 D-VC 算法与主流压缩软件压缩结果统计表

实验编号	原始数据占空间（GB）	经快压压缩后所占空间（MB）	经 360 压缩后所占空间（MB）	经 WinRAR 压缩后所占空间（MB）	经 D-VC 算法处理后所占空间（MB）
63#	2.66	124	119	104	57.7
64#	0.57	21.7	20.8	17.8	9.88
65#	3.49	181	172	153	81.6
69#	0.49	16.1	15.5	13.1	7.26
71#	2.39	95.6	91.5	79.6	44.1

表 4-15 D-VC 算法与主流压缩软件压缩率统计表

实验编号	原始数据占空间（GB）	快压压缩率	360 压缩压缩率	WinRAR 压缩率	D-VC 算法压缩率
63#	2.66	4.66%	4.47%	3.91%	2.17%
64#	0.57	3.81%	3.65%	3.12%	1.73%
65#	3.49	5.19%	4.93%	4.38%	2.34%
69#	0.49	3.29%	3.16%	2.67%	1.48%
71#	2.39	4.00%	3.83%	3.33%	1.85%
平均压缩率	1.92	4.19%	4.01%	3.48%	1.91%

通过表 4-15 中各项参数的比较，我们能够明显看到改进的 D-VC 算法的压缩性能在空间上要优于三种主流压缩软件，并且以上 5 种算法的具体描述和实验验证也表明，我们自行设计的适用于岩爆试验数据的压缩存储算法——D-VC 算法具有更好的压缩效果。

4.3　压缩存储算法性能可视化分析

在4.2.1节到4.2.5节中主要提出并实现了5种适用于岩爆试验数据的压缩存储算法，并且对算法的设计思路及流程图等进行了介绍，同时还将程序实现的试验结果用表格的形式进行了展现。通过以上内容我们发现，改进的D-VC算法的压缩性能最优。为了更直接地展现D-VC算法的压缩性能，以下对D-VC算法与主流压缩软件的效果进行可视化分析。

从图4-23到图4-27为5组实验分别用四种压缩方法进行压缩后的存储空间对比图，通过右上角的按钮点击不同的实验编号可展示不同数据的对比效果，并且还可通过点击"所有对比分析"按钮查看4组实验压缩后的存储空间，进行直观比较（见图4-23至图4-28）。

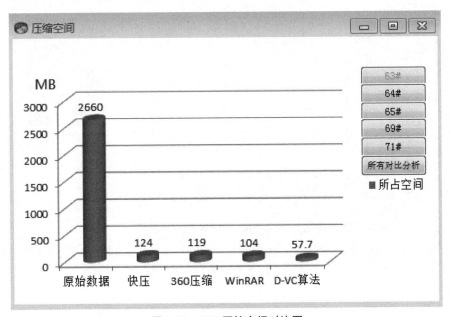

图 4-23　63# 压缩空间对比图

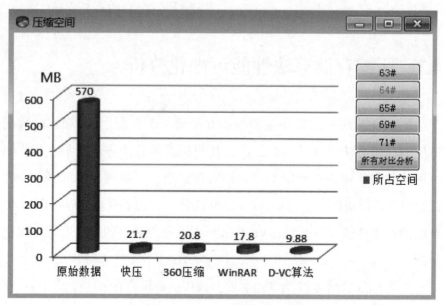

图 4-24　64# 压缩空间对比图

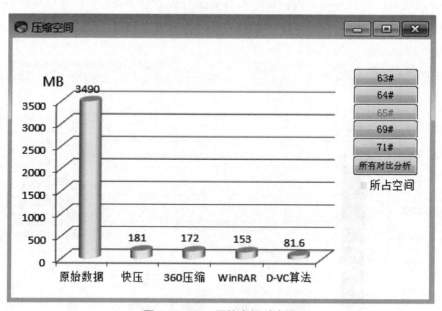

图 4-25　65# 压缩空间对比图

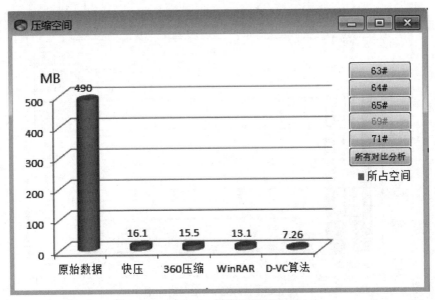

图 4-26　69# 压缩空间对比图

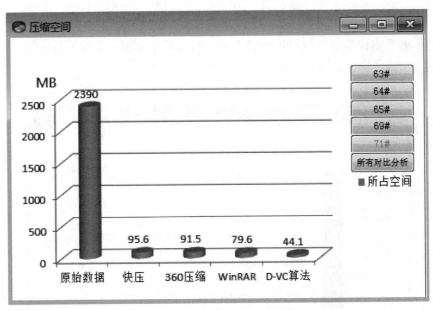

图 4-27　71# 压缩空间对比图

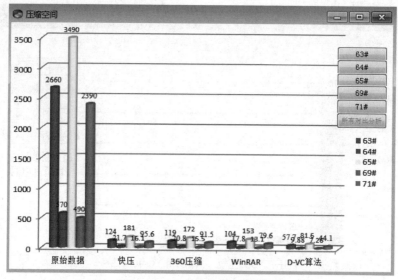

图 4-28　总体压缩空间对比图

从图 4-29 到图 4-34 为 5 组实验分别用 4 种压缩方法进行压缩后的压缩率对比情况，通过右上角的按钮点击不同的实验编号可动态展示不同组的压缩率对比效果，也可以通过点击"所有对比分析"按钮查看 5 组同时采用不同压缩方法进行压缩的压缩率结果。

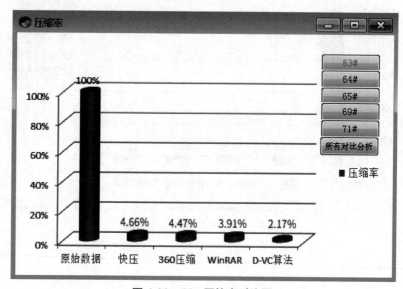

图 4-29　63# 压缩率对比图

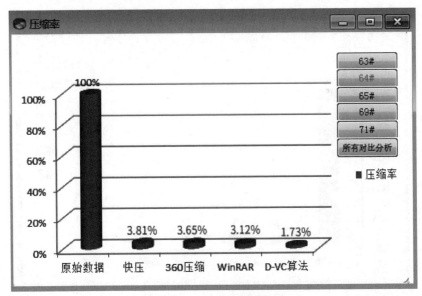

图 4-30　64# 压缩率对比图

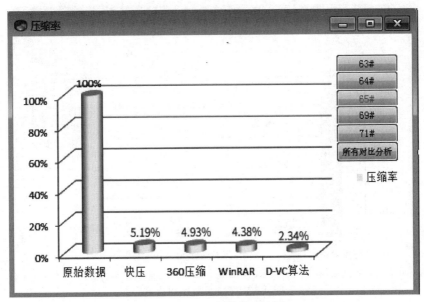

图 4-31　65# 压缩率对比图

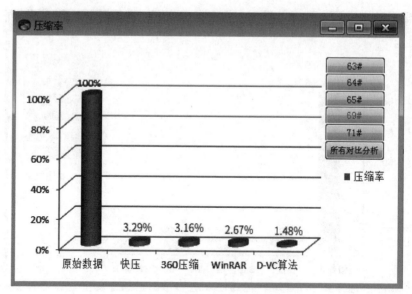

图 4-32　69# 压缩率对比图

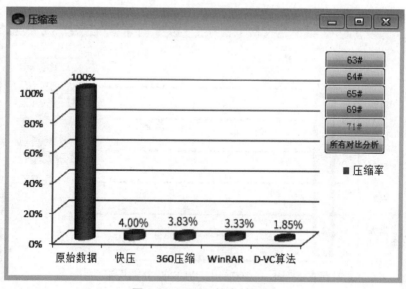

图 4-33　71# 压缩率对比图

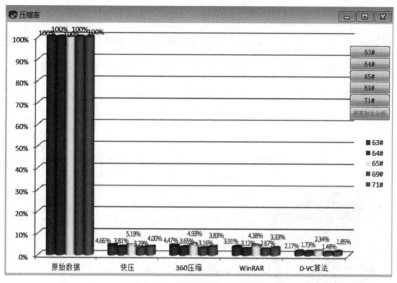

图 4-34　总体压缩率对比图

4.4　压缩存储算法经济效益分析

通过设计岩爆试验大数据压缩存储算法及岩爆试验大数据处理系统的基本功能，对某重点试验室现存的大约 900T 的实验数据，使用改进的压缩存储算法——D-VC 算法，将其压缩后上传至处理系统。

在表 4-15 中，我们统计了 D-VC 算法与三种压缩软件的平均压缩率分别为：快压压缩率 4.19%、360 压缩压缩率 4.01%、WinRAR 压缩率 3.48%、D-VC 算法压缩率 1.91%，900T 的实验数据经 4 种压缩方式分别压缩的结果如表 4-16 所示。

表 4-16　900T 实验数据压缩结果表

类别	快压	360 压缩	WinRAR 压缩	D-VC 算法压缩
平均压缩率	4.19%	4.01%	3.48%	1.91%
压缩处理后（T）	37.44	36	31.32	17.208

在表 4-16 中，900T 实验数据经 D-VC 压缩存储算法处理后仅为 17.208T，较 WinRAR 节约了 14.112T 的存储空间。以市场上常用的大容量 4T 硬盘为例，经快压、360 压缩、WinRAR 压缩及 D-VC 算法压缩后分别需要 10 块、9 块、8 块及 5 块 4T 硬盘，平均售价大约为 1400 元人民币（见图 4-35 至图 4-37）。

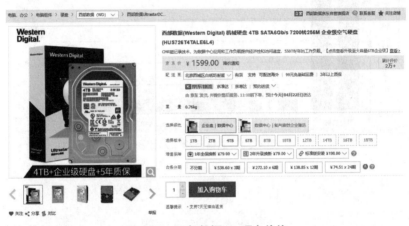

图 4-35　西部数据 4T 硬盘价格

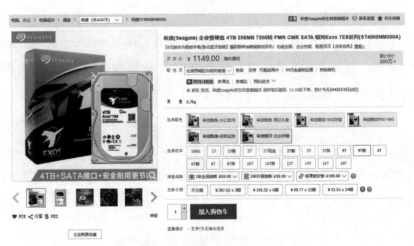

图 4-36　希捷 4T 硬盘价格

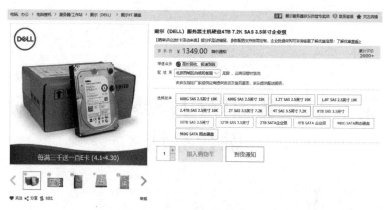

图 4-37　戴尔 4T 硬盘价格

原始数据经过 D-VC 算法处理后存储比原始数据存储节约设备购买经费 30.8 万元，其经济效益分析绘制于图 4-38 中。

图 4-38 中通过不同压缩方法花费的费用对比，我们能够直观看到经 D-VC 算法处理后能够节省更多的财力和物力，这也是我们设计针对岩爆试验大数据压缩存储算法的目的之一。

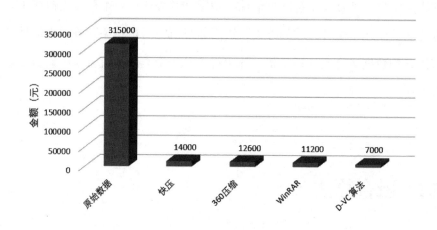

图 4-38　经不同压缩方法处理花费费用对比图

第 5 章 多源异构岩爆试验大数据 融合算法

众所周知，岩爆的发生与多种因素存在密切关系。在复杂的深部开采环境中，单一传感器所采集的信息不够准确，同时容易受到其他因素的干扰，导致产生数据漏报和偏差。本章的多源异构岩爆试验大数据融合算法通过利用多种不同来源的时空数据中的冗余性、互补性进行协调优化，并使用优化后的算法和框架对数据进行处理后，得到比单一数据来源更优质的决策结果，增强了系统的可信性、稳定性及鲁棒性。本章首先概述了融合算法并阐述了融合方式的分类，进而通过研究岩爆相关影响因素设计了多源异构数据融合预处理步骤，并实现了基于聚类的稀疏自编码器数据融合算法。

5.1 融合算法

5.1.1 融合算法概述

多源异构大数据融合研究开始于美国。早在 20 世纪中期，美国军队就已经对多源传感器所获得的相关信息进行多源数据融合，提高决策的精确度。而且最早的定义也是美国国防部在 1991 年陈述的[①]，数据融合是一个针对多源异构数据信息的加工过程，该过程还包括自动化检测、相关互联及多级组合等。第二次定义是 Wald 在 1998 年将数据融合技术定义成了一种通过融合算法及相关工具方式将多源异构数据信息进行关联分析的形式框架。而且该技术框架的意义不仅为了获得更加多源优质的数据信息资源，而且通过应用该框架可以有效改善决策的鲁棒性及可靠性。因此，目前数据融合没有统一定论。而且数据融合不仅在工业控制、医疗识别、天气预测等相关领域进行了应用，而且也逐渐向更多、更广的交叉领域扩展。[②]

随着多元化数据信息的急剧增加，多源异构大数据融合算法不仅要求数据来源更加可靠、多源，而且要求数据决策更加精准。美国在 20 世纪 80 年代就建立了相关研究机构，并且还会定期组织该方面的专家对多源异构大数据融合这一核心技术进行学术沙龙活动，以促进该技术的研究发展。美国不仅在文献方面产生了多部广为流传的佳作，而且提出了多源异构大数据融合的相关框架，得到许多相关领域专家对该研究方向的关注与应用。在众多文献中，具有重大突出贡献的是《多传感器数据融合》[③]，该书主要介绍了多传感器定义、采集、融合算法等方面的基础知识。针对多源异构数据融合的数学理论知识，Hall 等所撰写的 *Mathematical Techniques in Multisensor Data Fusion*（《多传感器数据融合数学基础》）[④] 也得到了该领域研究初学者的追捧。同时期，美军科研总部从海湾战争中得到相关启发，高度注重数据融合技术，而且在战场与军事监督中通过该技术的运用，美国军队更加确信多源异构大数据融

① ZHANG Y, WANG Y G, DING H W, et al. Deep well construction of big data platform based on multisource heterogeneous data fusion [J]. International journal of internet manufacturing & services, 2019, 6 (4): 371-388.

② 罗俊海，王章静. 多源数据融合和传感器管理 [M]. 北京：清华大学出版社，2015.

③ WALTZ E, LLINAS J. Multisensor data fusion [M]. Boston: Artech House, 1990.

④ HALL D L, MCMULLEN S A H. Mathematical techniques in multisensor data fusion [M]. Norwood: Artech House, 1992.

合技术的发展有必要的实际发展价值。因此，美国还建立了C3I军事系统，该系统以多源异构大数据融合为核心，对其军事系统自动化处理技术进行应用研究，而且无论是日本还是英国等科技大国都将数据融合技术纳入国家重点二十项研发计划中作为重中之重。20世纪后期，第一代多源异构数据融合系统已成熟并广泛投入实际军事战场中使用，该系统不仅包含美国开发的应用于军事分析的系统（TCAC）和应用于情报处理的系统（INCA），还包含其他国家开发的应用于海军战事分析及其可视化的系统（TOT）等。

相对于国际上多源异构大数据融合方面的研究，中国由于国情影响相关研究起步较晚，而且当时传感器技术及计算机技术发展不成熟，导致我国前期研究也是从军事及情报应用领域开始。我国真正对多源异构大数据融合这一领域进行重视，是在国际上多源异构大数据融合研究领域的理论越来越完善、单一传感器决策不再具备稳定性的基础上。而且我国也通过科研鼓励、政治引导及资金支持等方法激励国内多领域交叉学科研究者开展研究。无论是前期的关于多源大数据融合基础的理论著作《数据融合理论与应用》[1]，还是21世纪初关于多源传感器融合的《多传感器数据融合及其应用》[2] 这一优秀的专著，都为我国相关理论建设提供了支持。进入21世纪，为了促进多源异构大数据融合技术全方位向实用性推进，我国不仅多次召开关于多源异构大数据融合技术研讨会，而且在身份识别、威胁判断、决策信息融合、多目标跟踪等方面出现了不同的研究分支和应用实例。例如，《多源异构数据融合系统及方法》[3] 这一专利是中国南方航空股份有限公司彭向晖等通过对航空多源数据的数据源层、计算层、数据层及分析层进行设计获得，为航空公司的科学决策提供支持；段建斌运用模糊

---

① 康耀红.数据融合理论与应用［M］.西安：西安电子科技大学出版社，1997.
② 杨万海.多传感器数据融合及其应用［M］.西安：西安电子科技大学出版社，2004.
③ 彭向晖，黄文强，卢春，等.多源异构数据融合系统及方法：CN201711273802.X［P］. 2018-05-11.

神经网络，结合多源数据融合技术，实现实时监测瓦斯变化情况的效果[1]；北京大学的化柏林、李广建在大数据环境下针对竞争情报进行数据融合研究，重构了多源异构融合的处理流程及算法体系[2]。我国学者对算法研究也从简单的数据集成发展到现在深度学习应用，如余永红等结合网络、兴趣点等相关推荐算法，提出了基于项目属性的泊松矩阵分解兴趣点推荐算法[3]；王海颖通过形成联系度矩阵并扩维等方法，提出了一种新的基于集对分析联系度的多源数据融合方法[4]。虽然我国已经很重视这方面的发展，但与国际水平还有很大的距离，因此为了缩小我国与国际先进国家数据融合在运算精度及速度方面的差距，我们还需要再接再厉，抓好科技发展与进步。

5.1.2 融合方式分类

目前，国际上大多数研究人员统一将多源大数据融合模型分为功能模型、结构模型和数学模型三类。由于本书运用的是功能模型，所以本节将主要围绕功能模型进行分类介绍。多源大数据融合功能模型的定义是指根据不同的数据来源进行相关的数据融合工作和外部系统关联的过程。多源异构大数据融合功能模型常见的分类为像素级融合、特征级融合和决策级融合这三种。

像素级融合是一种应用最广泛的模型，也是特征级融合及决策级融合的基础。其主要数据来源为原始数据，通过对原始数据进行关联及处理分析，得到足够多的数据信息特征。但其缺点是如果只进行像素级融合，不仅对原始数据的依赖性大，一旦原始数据存在较大误差且不准确

---

① 段建斌.无线传感器网络和多源信息融合的瓦斯监测系统设计思路［J］.山东煤炭科技，2017（7）：69-70，73.

② 化柏林，李广建.大数据环境下的多源融合型竞争情报研究［J］.情报理论与实践，2015，38（4）：1-5.

③ 余永红，高阳，王皓.基于Ranking的泊松矩阵分解兴趣点推荐算法［J］.计算机研究与发展，2016，53（8）：1651-1663.

④ 王海颖.多源数据关联与融合算法研究［D］.无锡：江南大学，2016.

性，就会造成预测结果偏差较大，而且进行该像素级融合的传感器必须是同类传感器，同时需要具有优质的错误信息处理功能。像素级融合又称为数据级融合。像素级融合主要适用于工业目标识别、航迹关联、多源图像分析处理、图像智能识别、多目标定位等领域。

特征级融合是像素级融合的一种扩充，其主要是对数据特征信息进行融合，而特征信息则是通过一些算法在原始数据中进行相关性特征提取而来，如能量、距离、频率等相关特征信息都可以进行提取后融合。特征级融合与数据级融合相比，不仅降低了数据融合难度，节省了计算时间，而且通过相关性分析可以在很大程度上保证决策结果的准确性，缺点是信息处理量较小、容错性较差等。特征级融合常用算法包含深度学习算法、卡尔曼滤波算法、条件聚类算法及时间序列分析算法等。

决策级融合是多源大数据融合功能模型中最高层级的一种融合，其主要是对经数据处理后的结果进行融合，而决策结果则是将传感器信息原始数据通过一些算法进行分析识别后得到相应结果，融合后产生统一的优质决策。决策级融合不仅比单一来源决策更加准确可靠，而且还具有较好的鲁棒性及容错性，但其不能运行较大的数据量，而且特征损失会较多。决策级融合常用方法有专家系统、D-S证据理论、Bayes推理及模糊推理理论等。

表 5-1 为三种多源异构大数据融合功能模型优缺点对比表。通过大数据融合功能模型优缺点对比我们可以看到，像素级融合是一种融合难度最高的融合，不仅存在实时性、容错性较差等缺点，而且对传感器信息数据要求较高，但其能保留较多的特征信息，结果更具有说服力；而特征级融合既弥补了像素级融合的缺点，也没有降低融合的精度，优点是对原始数据进行提取和处理，不仅节约了计算时间，而且降低了数据量，但与像素级融合相比数据精度有所下降；与其他两种模型相比较，决策级融合对于多源异构大数据决策融合在通信量、通信数据线路及容错性方面具有相对优势，但如果只进行决策级融合，其融合精度较低，决策结果较差。

表 5-1　多源异构大数据融合功能模型优缺点对比

融合级别	像素级融合	特征级融合	决策级融合
信息处理量	大	较小	小
信息丢失	小	较小	大
融合精度	高	中	低
融合水平	低	中	高
容错性	差	中	优
实时性	差	中	优
抗干扰性	差	中	优
融合算法难度	难	中	易

因此，本书基于岩爆试验数据量大、多源异构、融合精度高等特性，构建了像素级融合与决策级融合相结合的混合框架。

5.2　多源异构岩爆试验大数据融合算法

5.2.1　多源异构数据融合预处理

采矿过程中的岩爆灾害经常会影响国家和人民的人身财产安全，因此岩爆灾害数据尤其珍贵，如何高效地利用有限的岩爆灾害数据尤为重要。数据预处理是进行数据融合分析的前提，是决定多源异构大数据融合决策精度和准确性的最重要一步，也是进行多源异构大数据融合算法的第一步。针对岩爆试验产生多源异构大数据，在进行数据预处理之前，我们要先分析数据的相关性及可靠性，然后将预处理结果作为数据融合的数据源进行输入。因此，将原始数据进行异常值处理、寻找并处理系统误差及偶然误差，得到一个好的预处理结果，不仅能使融合的结果更加准确，而且还可以尽可能地减少观测误差对岩爆预测的不利影响。

由于采集系统中采用的是声发射信号、应力传感器与红外成像仪，为了防止不同噪声对数据采集结果与实际产生误差，我们采取智能全自动化技术进行物理降噪处理。但传感器采集到的信号（数据）还是会出现一些噪声，或缺失信号，与此同时，还需要对原始数据进行剔除或补充相关异常数值，以提高岩爆试验数据的真实可靠性，进而为岩爆试验的多源异构大数据进行数据融合提供前提和保障。

为了进行数据融合，我们要先保证多源异构原始数据经过处理后具备四种基本要求，即处理后的数据要具有时间连续性、数值有效性、间隔等时性、变化趋势一致性。从图 5-1 中的原始数据可以看出，一维实验数据中只有温度与应力数据具有时间连续性和间隔等时性。声发射原始数据为波形文件，如果想要与应力、温度数据相关联，只能对波形文件进行特征提取处理。为了保证数据融合的有效性，通过以下三个步骤完成一维数据预处理。

首先，对所有一维实验数据通过遍历算法对异常数据进行筛查定位，对异常值或缺失数据进行均值补偿，并消除系统随机误差，从而提高数据的真实性，进而保证数据的有效性。

其次，对声发射波形文件提取特征，采用MATLAB中的数学公式对波形文件的幅值、频率、能量等特征进行提取，提取数据特征后根据声发射的采样时间对应力与温度数据进行扩充。扩充方式为采用均方差进行补充，对异常值或缺失数据进行均值补偿，以保证数据的连续性。

最后，对声发射波形文件提取特征后的数据、应力数据及温度数据等一维数据进行扩展处理，确保数据融合的间隔等时性和变化趋势一致性，进行零化处理和等间隔化处理，保证数据的间隔等时性和变化趋势一致性。具体扩维关联算法如下：

设分别有 N 个训练集样本，传感器训练样本分别为X_1，X_2，…，X_N；Y_1，Y_2，…，Y_N；Z_1，Z_2，…，Z_N，关联后训练集为P_1，P_2，…，P_N，其中第 i 个样本为：

$$X_i = [a_1, \ a_2, \ \cdots, \ a_j] \tag{5-1}$$

$$Y_i = [b_1, \ b_2, \ \cdots, \ b_l] \tag{5-2}$$

$$Z_i = [c_1, \ c_2, \ \cdots, \ c_k] \tag{5-3}$$

将公式（5-2）、公式（5-3）依次扩展到公式（5-1）后面，得公式（5-4）。

$$P_i = \{X_i, \ Y_i, \ Z_i\} \tag{5-4}$$

则

$$P_i = \{a_1, \ a_2, \ \cdots, \ a_j, \ b_1, \ b_2, \ \cdots, \ b_l, \ c_1, \ c_2, \ \cdots, \ c_k\} \tag{5-5}$$

图 5-1 为最终预处理后的结果。

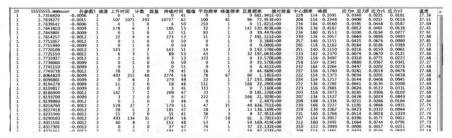

图 5-1　一维数据预处理结果

5.2.2　基于聚类的稀疏自编码器数据融合算法

由于岩爆试验一维数据不存在明显的分界，因此无法实现人工标记岩爆发生数据元组。本书提出了一种基于聚类的稀疏自编码器数据融合算法——SAEM 算法。SAEM 算法是通过稀疏自编码器（SAE）进行无监督学习后，通过聚类算法进行分类获得最终分类结果。而稀疏自编码器是一种不需要标签就能自主学习数据特征的深度学习方法，是一种能将输出数据尽可能多地保留输入特征的无监督学习，是一种强化的稀疏堆叠自编码器，也是一种通过编码器与解码器之间的变换将没有标签的原始数据中的特征进行自动提取的深度学习算法。同时，在损失函数部分，与 AE 算法的不同点在于，稀疏自编码器增加了传统的自编码器不具备的稀疏约束项，不仅增强了稀疏数据的特征提取能力，而且能得到更准确的特征表达。

SAEM 算法的分类是通过 K-Medians 聚类算法对稀疏自编码器处理的数据进行处理。K-Medians 聚类算法虽然对离群值敏感度较低，其分类使用欧式距离均值计算中间值并重新选择质点。对于岩爆这种较大的数据集来说，由于在计算中值向量时，每次迭代都需要进行排序，因此在后期运用时会采用岩爆超级计算机服务器，其拥有 88 个刀片服务器，理论计算峰值 30 万亿次/秒，平均每年算例 10 000 个，可以极大缩短运行时间，并减少人为手动标记数据，使岩爆预测及实验数据处理向着更人性化、更便捷高效的方向发展。

SAEM 数据融合算法如图 5-2 所示。

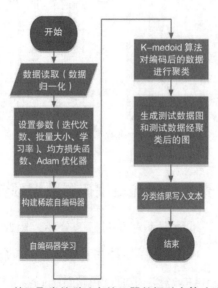

图 5-2　基于聚类的稀疏自编码器数据融合算法流程图

其具体算法如下：

步骤一：构建堆叠稀疏自编码器，实现特征提取

通过稀疏自动编码器建立三个隐藏层。堆叠稀疏自编码器网络主要通过编码、解码进行网络组建。在编码阶段，提取隐藏层特征 y_i 的表达是通过公式（5-6）对由公式（5-5）获得的岩爆一维数组 P_i 进行编码得到；在解码阶段，对数据进行重构，以获取与原始数据最接近的输出 z_i，如公式

（5-7）所示。

$$Y_i = f_\theta \left(p_i \right) = f \left(T_1 p_i + c_1 \right) \tag{5-6}$$

$$z_i = f_\theta \left(y_i \right) = f \left(T_2 y_i + c_2 \right) \tag{5-7}$$

其中，针对激活函数 f（x），每次编码和解码常用 ReLU 函数和 Sigmoid 函数，这里在三次编码阶段全部选用 ReLU 函数，而解码阶段采用两种激活函数混合使用，可以使训练得到的模型更容易应用。θ 为 SAE 的网络参数，即 $\theta = \left[T_1, T_2, C_1, C_2 \right]$；$T_1 = \left[15, 20, 10 \right]$，且 $T_1 = T_2^T$；$C_1 = \left[20, 10, 5 \right]$，$C_1 = C_2^T$。

步骤二：设置参数、损失函数及优化器

神经学习参数主要由迭代次数、批处理及学习速率组成，损失函数则选用 pytorch 自带的均方损失函数 MSELoss（）。在模型中为了防止数据出现拟合现象，采用 Adam 优化器对数据进行优化。

具体算法如下：

num_epochs = 200　# 迭代次数

batch_size = 1280　# 批处理个数

learning_rate = 1e-3　# 学习速率

optimizer = torch.optim.Adam（model.parameters（），lr=learning_rate weight_decay=1e-5）　# 采用 Adam 优化器

criterion = nn.MSELoss（）　# 设置均方损失函数

步骤三：进行 K-Medians 聚类分类器模型分类

先将 SAE 输出作为 K-Medians 聚类分类器的输入，并随机确定初始化输入数据的中心点。然后每个数据点通过 ou_distance（）定义数据点与每组中心距离的欧式距离，通过计算确定距离该数据最近的核心，并确定该点所属类别。最后计算出当前中心点和其他所有点的距离总和，从而计算出该聚簇中各个点与其他所有点的总和。若存在小于当前中心点的距离总和，则中心点去掉，重新划分质心。经过多次迭代，得到最终分类结果。

图 5-3 为不同迭代次数SAEM 算法结果损失值。当迭代次数为 200 时，其损失值下降最快，因此迭代次数为 200 时，其分类效果较好。图 5-4 为 SAE 算法与SAEM 算法对一维岩爆试验数据分类结果可视化效果图。

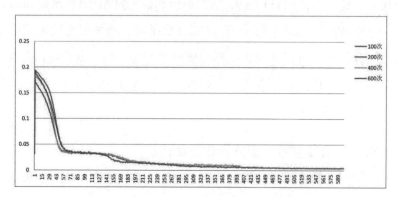

图 5-3　不同迭代次数 SAEM 算法结果损失值

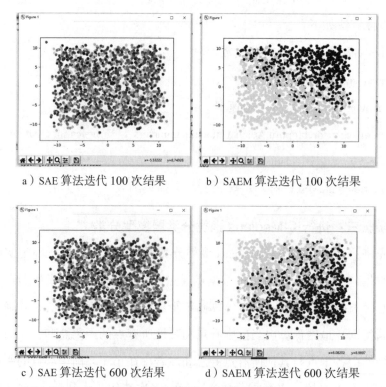

a）SAE 算法迭代 100 次结果　　　　b）SAEM 算法迭代 100 次结果

c）SAE 算法迭代 600 次结果　　　　d）SAEM 算法迭代 600 次结果

图 5-4　分类结果可视化效果图

第6章 岩爆试验大数据 AI 可视化分析

可视化分析是计算机科学领域近 10 年来新兴的交叉学科，是一种新型大数据分析技术手段。其本质是将数据分析挖掘与人机交互相结合的科学信息可视化的自然延伸。用户通过可视化界面直观分析海量数据，利用其强大的视觉感知能力发现数据中的新模式、新规律。同时，可视化分析还是打通"用户–数据–知识"闭环，实现大数据迭代分析的核心手段。而岩爆数据可视化属于多维数据可视分析。因此，本章通过运用大数据处理分析和大数据可视化分析技术将处理完的数据进行可视化分析展示，让用户直观地理解数据。

6.1 大数据可视化分析技术

在传感器技术、计算机技术及通信技术等一批高新技术发展的当下，数据利用不仅体现在各行各业，而且在信息时代高速发展的今天，数据已经渗透当今每个行业和业务职能领域，大数据中蕴含的宝贵价值成为人们存储和处理大数据的驱动力。在 20 世纪 80 年代一场国际计算机学会会议中，Robertson 和 Mackinay 提出了可视化的定义，即利用可视化分析技术对具有高维、非时空特点的海量数据进行数据挖掘与分析，得到具有多特性、易理解的图像。随着科技的发展，数据可视化技术也应用于越来越多的工业、航空等领域，扩大了该技术的影响范围。SAP、IBM、SAS 及微软等大型软件技术企业率先发展数据可视化分析技术，并研发出越来越成熟的可视化分析软件。SAS 公司发布了一款可视化分析软件——SAS Visual Analytics，该软件不仅可以通过自动绘图技术得到一些最先进、最具洞察力的向导性方式展示数据分析结果，而且可以通过交互式数据可视化得到易于理解的动态交互数据分析效果。Gephi 是一个可视化网络平台，主要特点是可以对社会图谱相关数据进行可视化分析，也可以用来构建动态分层数据图表。

但关于智能采矿技术研究方案，我国陈昌彦等研发出边坡工程地质信息三维可视化软件系统；贾明涛等开发了可以交互可视的矿山智能模拟系统，不仅可以线上对矿山开采的全过程进行监控，而且改善了采矿工序和工艺；陈建宏等通过CAD 技术搭建智能采矿集成系统，实现采矿的可视化及智能化。还有一些数据挖掘、融合算法、智能决策等计算机技术也逐渐应用于智能核心采矿可视化研究方案中。

人机智能就是通过一些交互工具将专业研究人员的知识融入机器学习之中，而针对该课题的人机智能研究，需要将岩爆数据进行机器学习之后得到的科学知识与岩爆研究人员的专业知识进行融合。然而在我们对岩爆试验数据进行分析的时候，岩爆数据分析人员只懂数据的科学分析知识并不懂行业知识，岩爆研究人员只懂行业知识并不懂机器学习，而且许多行业知识并不能进行量化表达，数据科学分析也不容易理解使用。因此，如果要解决目前数据分析与岩爆研究之间的关联问题，就需要采用机器学习驱动的交互可视化分析技术弥补两者之间的鸿沟。

6.2　局部数据可视化分析

这部分工作是从有到优的创新工作。

之前，数据处理比较困难，一是处理速度慢，200 个txt 波形文件需要处理 2 小时，2000 个 txt 波形文件需要处理好几天，而且数据越多处理越慢，时间与数据量不成线性比例；二是处理数据时机器经常死机，系统无响应。这些困难严重制约着对岩爆机理的进一步研究。

声发射每个波形文件由 4096 个数据组成，通过公式（6-1）和公式（6-2）对傅里叶变换进行算法改进，运用 MATLAB 中 tfrsp 函数进行计算，可以得到二维频谱图与时间频域图。

$$X(k)=\sum_{j=1}^{N} x(j)\, \omega_N^{(j-1)(k-1)} \qquad (6-1)$$

其中 $\omega_N = e^{(-2\pi j)/N}$。

$$S_z(t,f)=|STFT_z|^2=|\int_{-\infty}^{+\infty} z(t')\, \eta^*(t'-t)\, e^{-j2\pi ft'}dt'|^2 \qquad (6-2)$$

经过第一次改进，处理 20 个 txt 波形文件，仅需要 182.8644 秒，效果如图 6-1 所示；处理 200 个 txt 波形文件，时间从以前的 2 小时缩短到 1982.3827 秒（约 33 分钟），效果如图 6-2 所示。处理 200 个 txt 波形文件，第一次改进所需处理时间与原来处理时间对比，如图 6-3 所示。

图 6-1　第一次改进后处理 20 个 txt 波形文件时长

图 6-2　第一次改进后处理 200 个 txt 波形文件时长

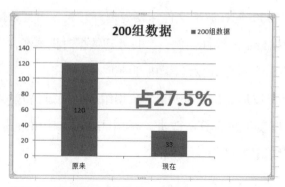

图 6-3　原来处理时间与第一次改进后所需时间对比

经过第二次改进后，处理20个txt波形文件，仅仅需要1.9分钟，效果如图6-4所示；处理200个txt波形文件，时间从以前的2小时直接缩短到18.7分钟，效果如图6-5所示。甚至在改进之前，在电脑处理10 000个txt波形文件时，电脑就要死机。在经过改进后，处理10 000个txt波形文件（每个txt波形文件包含4096个数据），共耗时29953.5938秒。无论处理多少个txt波形文件，时间与文件数量都呈线性关系。两次改进对比效果如图6-6所示。

图 6-4　第二次改进后处理 20 个 txt 波形文件时长

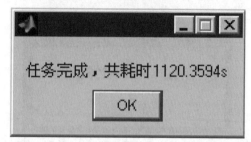

图 6-5　第二次改进后处理 200 个 txt 波形文件时长

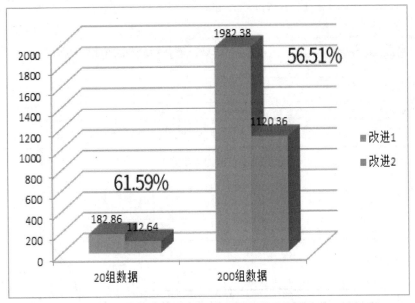

图 6-6　两次改进处理时长对比

　　图 6-7a）、b）、c）分别为采集到的岩爆试验的声发射原始波形数据、红外温度数据及应力局部数据可视化图像。

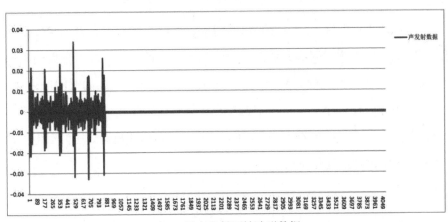

a）25 秒声发射原始波形数据

图 6-7　原始数据可视化图像

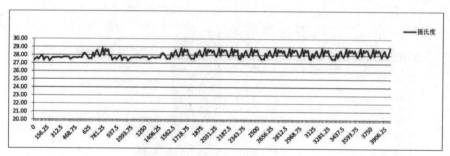

b）红外温度数据

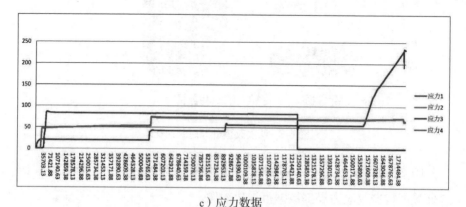

c）应力数据

图 6-7　原始数据可视化图像（续）

　　通过Python编程工具呈现的数据图像，可以直观看出岩爆试验数据的分布特征，其中声发射实验数据生成的是一个个的波形，波形呈现的幅值比较集中，而且波形的大部分数值在零点附近，具有较强的时间序列性。而温度图像变化较小，保持在室温左右，只有在岩爆发生前后会发生相对较大变化。[①] 而应力数据则体现在压强数值上，可以明显看到压力变化，尤其是三个关键点的变化及大小。

---

① 　王艳歌. 多源异构大数据融合算法及可视分析方法研究［D］. 北京：北京建筑大学，2020.

6.3　全局数据可视化分析

这部分工作是从无到有的创新工作，变不可能为可能，填补了研究的空白。

声发射实验采集的是岩石内部在破坏过程中产生的弹性波，从某种程度上体现了能量释放的过程。到目前为止，大量岩爆机理研究成果是研究人员通过分析声发射信号数据得到的。声发射数据分析主要有两种分析方法，即波形分析及参数分析。[①] 参数分析主要通过提取传感器数据中的特征参数进行相关数据分析，这种方法比较简单直接，已经被研究人员广泛应用。而且本次岩爆试验数据中声发射数据是一种波形数据，是一种包含岩爆试验过程中与微观状态、环境及力学性质相关的频谱特征数据。因此，声发射数据作为岩爆机理研究的主要因素，其特征参数主要包括幅值、绝对能量、频率、撞击数、上升时间、持续时间等。其中，对应力较敏感的主要是声发射的幅值、频率及能量这三个特征参数。由于原始数据形成一个个的波形，因此每个波形的最高幅值通过遍历算法直接获得，频率则通过计算波形时间倒数获得。而能量参数有两种获得方法，一是通过均方根电压求解获得，二是通过直接求声发射波形面积获得。根据这三个特征参数数据我们可以了解到，声发射会在岩体内部压缩空隙减小的前期阶段及岩爆发生时的后期阶段产生岩石高幅值信号，而在中间阶段由于岩石内部空隙闭合后动态变化较小，会产生幅值参数降低现象，并且频率参数与幅值参数、能量信号成反比，即频率越高，幅值越低，对应的能量参数较小。

波形分析则是通过相关算法把时域的波形信号转换到频域，分析其

---

① 王艳歌. 多源异构大数据融合算法及可视分析方法研究［D］. 北京: 北京建筑大学, 2020.

频域特征。如何更好运用算法分析岩爆声发射波形信号，获得频域特征变化规律，是目前研究岩爆的重点之一。由参数分析可知，高能量释放的出现往往伴随着波形信号处于一种长时间、低频率、高幅值区域，而且声发射传感器采集的数据是连续的随机信号。因此，本书采用快速傅里叶变换算法对这些特殊点进行时域到频域转换，获得频域特征，得到比时域中更简单的分析结果。傅里叶变换算法是目前一种应用于波形信号处理的普遍分析方法，其分析结果可以显示岩爆数据波形信号的全局频谱特征。

在之前的岩爆机理的研究过程中，以前研究人员一次仅能处理岩爆试验中的约2000个数据。在这种条件下，如果想获得全局信息，研究人员只能手工拼合。在拼合的过程中存在很多问题：

- 后期人工估计式合成的引入，带来了极大的不确定性和不准确性；
- 短时间段的数据分析是片面的信息，往往不具有代表性；
- 分析得到的结论是局部的，在实践中通常无法得到验证；
- 处理能力有限，费时、费力，处理数据不足5%。

为此，我们在多源异构岩爆试验大数据采集系统（命名为BDSS）基础上提出一种基于BDSS的时间序列分析技术，研究岩爆大数据的序列分析问题。在传统的数据分析操作（如对数据进行聚集、汇总、切片和旋转等）基础上，提出了基于BDSS的时间序列分析技术。引入协整理论和误差修正模型，用于分析监测数据的长期均衡关系和短期动态关系。首先对岩爆大数据进行整编处理，提取岩爆大数据时间序列的数字特征，进而对时间序列的平稳性进行分析、判断、协整检验，并建立误差修正模型。在这个过程中，我们实现一个从无到有的目标，经过改进，我们不仅可以使计算机直接输出全局图形，而且让其输出图形的速度永远与图形的数量呈线性关系，不会再出现死机或者无响应状态，其时效图如表6-1所示。获得的全局时域图、全局频域图、全局等高图、全局3D图如图6-8至图6-11所示。

表 6-1　多文件处理时效表

实验数据	TXT文档数目	TXT占用空间	TXT压缩后占用空间	压缩比	处理时长	结果图片数目	图片占用空间
G-1#	41645个	2.11GB	51.2MB	2.37%	15小时22分钟	41653个	4.04GB
GO-1#	71351个	3.66GB	128MB	3.41%	27小时33分钟	71359个	7.04GB
O-1#	29438个	1.50GB	43.4MB	2.82%	11小时21分钟	29446个	2.88GB

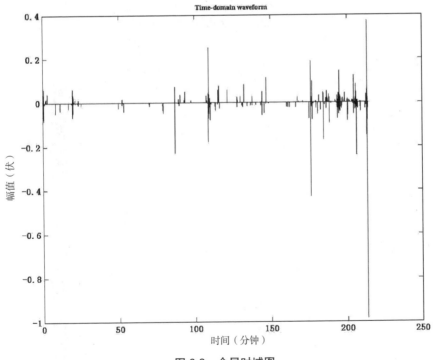

图 6-8　全局时域图

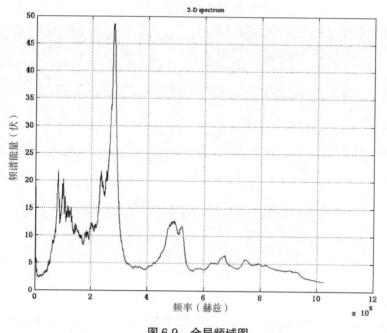

图 6-9　全局频域图

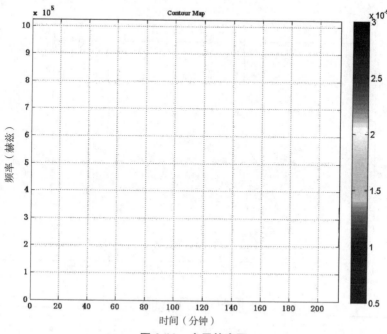

图 6-10　全局等高图

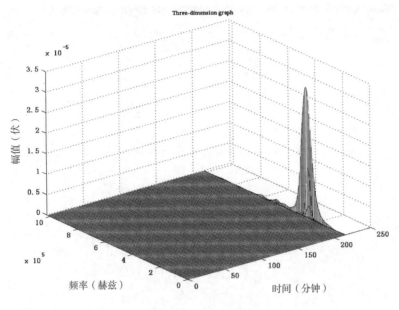

图 6-11   全局 3D 图

6.4   大数据 AI 可视化协同分析

对于岩爆机理的研究，仅仅得到岩爆试验数据的局部特征与岩爆试验数据的全时域特征还远远不够，在岩爆发生的瞬间，无论是不同的岩体结构，还是不同的地形环境等多种因素，都会直接或者间接影响到岩石爆破。因此采用系统联动协同分析技术对各种因素进行综合互联，甚至引入部分人工干预，对岩爆机理研究转向人工智能协同发展具有长远影响。

岩爆全时域下协同分析系统采用 MATLAB 工具进行开发。图 6-12 所示的是岩爆全时域下协同分析系统尚未载入分析结果之前的界面。该系统主要由应力全局曲线图、电压幅值图、频率全局图、能量全局图及局部全局图等 5 幅图片组成，而且这些图片是根据时间序列载入的图片。在点击分析按钮后，程序会自动对数据进行分析。

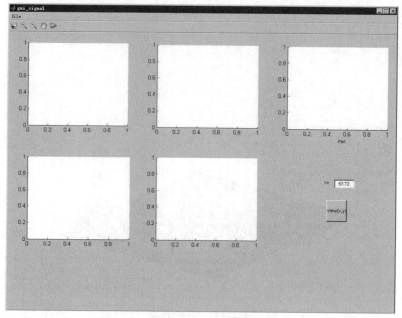

图 6-12 实验结果分析工具布局

如图6-12所示，我们在开始全时域下协同分析后，动态加载时间–幅值全时域特征、频率–能量全时域特征、二维时间频谱全时域特征及三维时间频谱全时域特征，联合全时域下能量曲线、应力曲线展开协同分析。在此基础上我们设计一个拐点识别算法，该算法主要根据曲线存在幅度较大的波动变化，采用求导方式对能量曲线上的拐点进行识别，再通过时间关联标记另外3幅图。而且点击拐点还能实现同一时间点的不同数据联动可视化分析，在全局应力图上自动标注拐点，如图6-13中左上角的A、B、C点，同时其余3幅图上自动识别对应的A、B、C点。

图 6-13 中展示的是全时域信息，用肉眼识别比较容易。但是，如果对上述曲线进行放大，充分展示细节我们会发现，该曲线类似于股票价格变化曲线，拐点的数目非常多。用计算机自动标识出图中类似A、B、C具有代表性的拐点非常难。但是本系统实现了上述功能，并在此基础上实现了全时域下的协同分析。

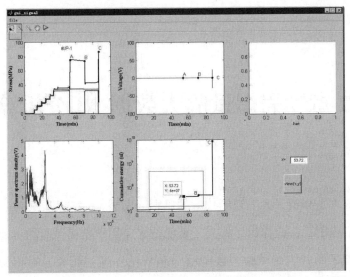

图 6-13　能量曲线、应力曲线与特征曲线协同分析实验结果——拐点识别

　　全时域联动可视化分析是在协同分析拐点识别之后，通过与局部分析相关联，即通过点击相关数据点就可以将全时域下能量曲线、应力曲线与该点得到的岩爆试验数据局部特征可视化结果、岩爆试验数据全时域特征可视化结果进行联动协同分析，如图 6-14 所示。

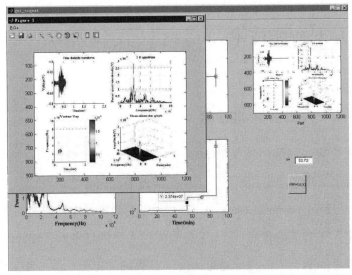

图 6-14　能量曲线、应力曲线与特征曲线协同分析实验结果——联动

第7章　岩爆试验大数据 AI 分析算法

本章首先介绍了人工智能技术的概念、发展、主要研究领域、实现技术和典型应用，进而探讨了将人工智能技术应用于岩爆试验的可能性，设计并实现了两种岩爆试验大数据AI分析算法。通过研究岩爆相关影响因素，通过利用多个来源、不同类型传感器的时空数据中的冗余性、互补性进行协调优化，并使用优化合适的算法和框架对其数据进行处理，得到比单一数据来源更优质的决策结果，增强了系统的可信性、稳定性及鲁棒性。

7.1　人工智能技术

7.1.1　人工智能的概念

人工智能一词最初是在 1956 年达特茅斯学会上提出的。从那以后，研究者提出了众多理论和原理，人工智能的概念也随之扩展。人工智能之父约翰·麦卡锡（John McCarthy）说："人工智能就是制造智能的机器，更特指制作人工智能的程序。"人工智能模仿人类的思考方式使计算机可以智能地思考问题，人工智能通过研究人类大脑的思考、学习和工作方式，将研究结果作为开发智能软件和系统的基础。人工智能是如何实现的？这种智能又是从何而来？随着科技的发展，一种实现人工智能的方法——机器学习应运而生，其主要是设计和分析一些让计算机可以"自己学习"的算法。而深度学习是一种实现机器学习的技术，使机器学习能够实现众多的应用，也是当今人工智能大爆炸的核心驱动。人工智能、机器学习和深度学习的关系如图 7-1 所示。

图 7-1　人工智能、机器学习和深度学习关系图

　　人工智能必须是通过人为设定的方法和流程创造出来的智能体，而不可以是其他。这就限定了人工智能不能是通过任何自然事件或自然程序产生的。比如计算机科学和密码学的先驱图灵（A. M. Turing）就曾在《计算机器与智能》中提及关于如何判断机器具有人的智能，即如果一台计算机被一名测试者通过键盘或语音随机提问，经过多次测试后，超过30% 的测试者不能确定被测者为机器，那么这台计算机就可以认为具有人的智能。

7.1.2　人工智能的发展

人工智能的发展历史可归结为孕育、形成和发展三个阶段。

7.1.2.1 孕育阶段

孕育阶段主要是指 1956 年以前的阶段。自古以来，人们利用自己的聪明才智创造出了一系列可以将自身体力劳动转化为脑力劳动的工具，不仅提高了人们应对自然灾害的能力，而且对人工智能的产生、发展具有重大影响。1936 年，英国数学家图灵提出了一种理想计算机数学模型，即图灵机，为后来电子数字计算机的问世奠定了理论基础。

7.1.2.2 形成阶段

这个阶段主要是指 1956 年至 1969 年。1956 年夏季，在一次为时两个月的学术研讨会上，麦卡锡提议正式采用"人工智能"这一术语。麦卡锡因此被称为人工智能之父。此后，美国形成了多个人工智能研究组织。1909 年成立的国际人工智能联合会议（IJCAI）是人工智能发展史上一个重要的里程碑，它标志着人工智能这门新兴学科得到了世界的肯定和认可。1970 年创刊的国际性人工智能杂志《人工智能》（*Artificial Intelligence*）对推动人工智能的发展更是起到了至关重要的作用。

7.1.2.3 发展阶段

这个阶段主要是指 1970 年以后至今。进入 20 世纪 70 年代，许多国家开展了人工智能研究，涌现了大量的研究成果。我国也把"智能模拟"作为国家科学技术发展规划的主要研究课题之一，并在 1981 年成立了中国人工智能学会（CAAI）。最杰出的科学成就就是AI围棋选手，2016 年 3 月，AlphGo 以 4:1 的比分战胜韩国棋手李世石，成为第一个击败人类职业棋手的AI围棋选手。2017 年 5 月 23 日至 27 日，在乌镇，AlphGo 以"Master"之名以 3:0 的比分轻松击败围棋领域排名世界第一的柯洁。AI围棋选手的胜利表明了人工智能所达到的成就，也证明了电脑能够以人类远远不能企及的速度和准确性实现人类思维的大量任务。

7.1.3　人工智能的主要研究领域

人工智能的研究领域包罗万象，各种观点百家争鸣。其中比较有代表性的是浙江工业大学的王万良教授，他提出了人工智能 24 个研究领域。下面介绍其中几个主要研究领域。

7.1.3.1　自动定理证明

自动定理证明是人工智能中最先进行研究并得到成功应用的研究领域，同时它也为人工智能的发展起到了重要的推动作用。实际上，除了数学定理证明，医疗诊断、信息检索问题求解等许多非数学领域问题，都可以转化为定理证明问题。尤其是鲁滨孙提出的归结原理使定理证明得以在计算机上实现，对机器推理做出了重要贡献。我国吴文俊院士提出并实现的几何定理机器证明"吴氏方法"，是机器定理证明领域的一项标志性成果。

7.1.3.2　博弈

下棋、打牌、战争等竞争性的智能活动称为博弈。人工智能研究博弈的目的并不是让计算机与人进行下棋、打牌之类的游戏，而是通过对博弈的研究来检验某些人工智能技术是否能实现对人类智慧的模拟，促进人工智能技术的深入研究。正如俄罗斯人工智能学者亚历山大·克朗罗德所说，"国际象棋是人工智能的果蝇"，将象棋在人工智能研究中的作用类比为果蝇在生物遗传研究中作为实验对象所起的作用。

7.1.3.3　模式识别

模式识别是对研究对象进行描述和分类方法的学科。模式是对一个物体或者某些其他感兴趣实体定量或者结构性的描述，而模式类是指具有某些共同属性的模式集合。用机器进行模式识别的主要内容是研究一种自动技术，依靠这种技术，机器可以自动或者尽可能少地通过人工干预的方式把模式分配到各自的模式类中去。传统的模式识别方法有统计模式识别和结构模式识别等类型。

7.1.3.4 机器视觉

机器视觉或者计算机视觉是用机器代替人眼进行测量和判断，是模式识别研究的一个重要方面。在国内，由于近年来机器视觉产品刚刚起步，目前主要集中在制药、印刷、包装、食品饮料等行业。但随着国内制造业的快速发展，人们对于产品检测和质量的要求不断提高，各行各业对图像和机器视觉技术的工业自动化需求越来越大，因此机器视觉在未来制造业中将会有很大的发展空间。

7.1.3.5 自然语言理解

关于自然语言理解的研究可以追溯到 20 世纪 50 年代初期。当时由于通用计算机的出现，人们开始考虑用计算机把一种语言翻译成另一种语言的可能性。在此之后的 10 多年中，机器翻译一直是自然语言理解中的主要研究课题。近 10 年来，在自然语言理解研究中，一个值得注意的事件是语料库语言学的崛起，它认为语言学知识来自语料，人们只有从大规模语料库中获取理解语言的知识，才能真正实现对语言的理解。

7.1.3.6 智能信息检索

数据库系统是存储大量信息的计算机系统。随着计算机应用的发展，存储的信息量越来越庞大，研究智能信息检索系统具有重要的理论意义和实际应用价值。

7.1.3.7 数据挖掘与知识发现

随着计算机网络的飞速发展，计算机处理的信息量越来越大。数据库中包含的大量信息无法得到充分的利用，造成信息浪费，甚至变成大量的数据垃圾。因此，人们开始考虑把数据库作为新的知识源。数据挖掘和知识发现是 20 世纪 90 年代初期崛起的活跃研究领域。

7.1.3.8 专家系统

专家系统（Expert System）是目前人工智能中最活跃、最有成效的一个研究领域。自费根鲍姆等研制第一个专家系统 DENDRAL 以来，它已获得了迅速的发展，广泛地应用于医疗诊断、地质勘探、石油化工、教学及军事等各个领域，产生了巨大的社会效益和经济效益。专家系统是一个智能的计算机程序，运用知识和推理步骤来解决只有专家才能解决的疑难问题。因此，可以这样来定义专家系统：是一种具有特定领域内大量知识与经验的程序系统，它应用人工智能技术模拟人类专家求解问题的思维过程求解领域内的各种问题，其水平可以达到甚至超过人类专家的水平。

7.1.3.9 自动程序设计

自动程序设计是将自然语言描述的程序自动转换成可执行程序的技术。自动程序设计与一般的编译程序不同，编译程序只能把用高级程序设计语言编写的源程序翻译成目标程序，而不能处理自然语言类的高级形式语言。

7.1.3.10 机器人

机器人是指可模拟人类行为的机器。人工智能的所有技术几乎都可以在它身上得到应用，因此它可作为人工智能理论、方法、技术的实验场地。反过来，对机器人的研究又可大大地推动人工智能研究的发展。

7.1.3.11 组合优化问题

许多实际问题属于组合优化问题。例如，旅行商问题、生产计划与调度、通信路由调度等都属于这一类问题。组合优化问题一般是 NP 完全问题。NP 完全问题是指用目前知道的最好的方法求解，需要花费的时间随问题规模增大以指数关系增长。对于 NP 完全问题，至今还不知道能否找到在多项式时间内求解的方法。

7.1.3.12 人工神经网络

人工神经网络是一个用大量简单处理单元经广泛连接而组成的人工网络，用来模拟大脑神经系统的结构和功能。神经网络已经成为人工智能中一个极其重要的研究领域。对神经网络模型、算法、理论分析和硬件实现的大量研究，为神经计算机走向应用提供了物质基础。神经网络已经在模式识别、图像处理组合优化、自动控制、信息处理、机器人学等领域获得日益广泛的应用。

7.1.3.13 分布式人工智能与多智能体

分布式人工智能是分布式计算与人工智能结合的结果。分布式人工智能系统将健壮性作为控制系统质量的标准，并具有互操作性，即不同的异构系统在快速变化的环境中具有交换信息和协同工作的能力。分布式人工智能的研究目标是要创建一种描述自然系统和社会系统的模型。分布式人工智能并非独立存在，只能在团体协作中实现，因而其主要研究问题是各智能体之间的合作与对话，包括分布式问题求解和多智能体系统（Multi-Agent System，MAS）两个领域。分布式问题求解把一个具体的求解问题划分为多个相互合作和知识共享的模块或者节点。多智能体系统能够更充分地体现人类的社会智能，具有更大的灵活性和适应性，更适合开放和动态的世界环境，成为人工智能领域的研究热点。

7.1.4 人工智能的主要实现技术

7.1.4.1 知识表示和推理

语言和文字是人们表达思想与交流信息的重要工具之一，但人类的知识表示和推理方法并不适用于计算机处理。因此如何有效地把人类知识存储到计算机中，是解决实际问题的首要任务。知识表示和推理方法可分为两大类：符号表示法和连接机制表示法。符号表示法是用各种符号进行排列组合，是一种逻辑性知识表达和推理方法。连接机制表示法是建立一个相关性连接的神经网络，是一种隐式的知识表示和推理方法。

7.1.4.2 机器感知

机器感知就是运用传感器技术使机器获得类似于人的感知能力。机器感知是机器获取外部信息的基本途径，是机器智能化不可缺少的组成部分。正如人的智能离不开感知一样，为了使机器具有感知能力，需要为它配置相应的感知传感器。对此，人工智能已经形成了专门的研究领域，即模式识别、自然语言理解等。

7.1.4.3 机器学习

机器学习就是研究如何使计算机具有类似于人的学习能力，与脑科学、神经心理学、计算机视觉、计算机听觉等都有密切联系。机器学习是一个难度较大的研究领域，计算机要能够学习自动更新的知识、适应环境变化，并在实践中实现自我完善。通过书本学习、与人谈话、对环境进行观察等学习方法都是机器学习所具备的特性。

7.1.4.4 机器行为

机器行为最主要的成因与它的激发条件及其产生的环境有关。与人的行为能力相对应，机器行为主要是指计算机的表达能力，即"说""写""画"等能力。智能机器人还应具有人的四肢功能，即能走路、能取物、能操作等。

7.1.5 人工智能的典型应用

7.1.5.1 无人驾驶

根据英国《金融时报》报道，Alphabet 旗下自动驾驶汽车公司Waymo，在亚利桑那州首度推出了付费无人的士服务——Waymo One（见图 7-2），在全球率先开启自动驾驶技术的商业化进程。Waymo One 是Alphabet 研究长达 10 年的项目，被视为无人驾驶商业化的一个重要里程碑。

图 7-2　Waymo 无人驾驶汽车

7.1.5.2 语音识别

2019 年 1 月 16 日，在百度输入法"AI·新输入　全感官输入 2.0"发布会上，国内首款真正意义上的 AI 输入法——百度输入法 AI 探索版正式亮相，这是一款默认输入方式为全语音输入，并调动表情、肢体等元素进行全感官输入的全新输入产品（见图 7-3）。同时，百度宣布流式截断的多层注意力建模（SMLTA）将在线语音识别精度提升了15%，并在世界范围内首次实现了基于Attention技术的在线语音识别服务大规模上线应用。

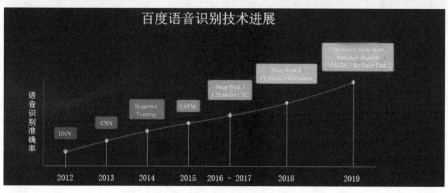

图 7-3　百度 AI 输入法发布会

7.1.5.3 机器翻译

从2004年下半年起，随着Franz Josef Och成为首席科学家，谷歌翻译进入迅速发展阶段，在2005年和2006年NIST机器翻译系统比赛中表现优异，成功拿下多个"第一"。2016年9月，谷歌发布Google神经网络机器翻译系统，简称GNMT系统，该系统能够实现103种语言翻译，每天为2亿余人提供免费的多种语言翻译服务（见图7-4）。

图 7-4　谷歌实时翻译和谷歌在线翻译

7.1.5.4 机器视觉

机器视觉是由多个领域交叉结合产生的新型技术，涉及光学成像原理、人工智能、图像处理及仿生科学等科学。工业化生产中使用的机器视觉主要由相机、光源、镜头、图像采集卡、图像处理软件、输出系统等组成。虽然选择一个机器视觉的子系统比较简单，但搭建一个通用性好的整体机器视觉系统比较困难，这涉及多方面子系统选择。

目标检测是机器视觉的核心，在图像识别、行人检测、大规模场景识别等方面具有广泛应用，提升目标检测的速度与精度可以拓展计算机视觉的应用范围。大数据的出现及深度学习的发展为目标检测研究注入了新的动力。传统的目标检测主要使用基于手工特征配合机器学习的方法。目前的检测算法主要以卷积神经网络（CNN）为核心。

7.1.5.5 智能家居

智能家居的定义为以住宅为平台，基于物联网技术，由硬件（智能家电、智能硬件、安防控制设备、家具等）、软件系统、云计算平台构成的家居生态圈，实现人远程控制设备、设备间互联互通、设备自我学习等功能，并通过收集、分析用户行为提供个性化生活服务，使家居生活安全、舒适、节能、高效、便捷。智能家居让用户以更便捷的方式管理家庭设备，如通过触摸屏、手持遥控器、打电话、登录互联网控制家用设备，还可以执行情景操作，使多个设备形成联动；同时，智能家居内的各种设备相互间可以通讯，不需要用户指挥也能根据不同的状态互动运行，从而给用户带来最大限度的方便、高效、安全与舒适。智能家居时代就是物联网进入家庭的时代（见图 7-5）。

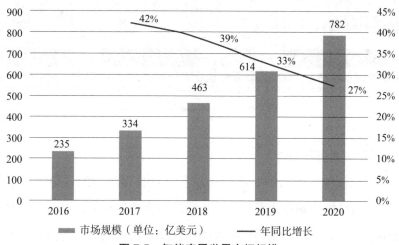

图 7-5　智能家居世界市场规模

智能家居发展基本分为四个阶段，目前处于第三、第四阶段。

第一，家居自动化阶段：智能家居的初级阶段，显著特征是实现了窗帘、家电等设备的自动化控制。

第二，单品智能阶段：以产品为中心，如智能灯泡、智能开关、智能门锁等产品独立存在，但无法互相联通，单品功能较多，但核心功能不突出，无法满足消费者的真正诉求。

第三，互联智能阶段：通过物联网技术实现智能家居产品的互联互通，并组成系统，实现集中管理和控制，体现了场景化。

第四，人工智能智慧家庭阶段：以用户为核心，将智能家居与人工智能深度结合，通过大数据采集与分析，运用机器深度学习等技术，深度挖掘智能化，实现家庭智慧化。

图 7-6 中国智能家居产业图谱

7.1.5.6 人脸识别

人脸识别是基于人的脸部特征信息进行身份识别的一种生物识别技术，是用摄像机或摄像头采集含有人脸的图像或视频流，自动在图像中检测和跟踪人脸，进而对检测到的人脸进行脸部识别的一系列相关技术，通常也叫人像识别、面部识别。

人脸识别是一个热门的计算机技术研究领域，是生物特征识别技术，通过对生物体（一般特指人）的生物特征来区分生物体个体。生物特征识别技术研究的生物特征包括脸、指纹、手掌纹、虹膜、视网膜、声音（语音）、体形、个人习惯（如敲击键盘的力度和频率、签字）等，相应的识别技术有人脸识别、指纹识别、掌纹识别、虹膜识别、视网膜识别、语音识别、体形识别、键盘敲击识别、签字识别等。

人工智能的应用领域还有很多，如智能客服、灾害预测、人脸识别等。总之，随着技术的发展，人工智能必将进入更多的领域，与不同的学科研究相交叉，推动不同领域发展进步。

人脸识别又可以分为两大类：一类是确认，是人脸图像与数据库中已存的该人图像比对的过程，回答是不是你的问题；另一类是辨认，是人脸图像与数据库中已存的所有图像匹配的过程，回答你是谁的问题。显然，人脸辨认比人脸确认更困难，因为辨认需要进行海量数据的匹配。常用的分类器有最近邻分类器、支持向量机等。

与指纹应用方式类似，人脸识别技术目前比较成熟的是考勤机。由于在考勤系统中用户是主动配合的，可以在特定的环境下获取符合要求的人脸，因此为人脸识别提供了良好的输入源，往往可以得到满意的结果。

但是在一些公共场所安装的视频监控探头，由于光线、角度问题得到的人脸图像很难比对成功。这也是未来人脸识别技术发展必须解决的难题之一。

7.1.6　人工智能的常用算法

7.1.6.1 朴素贝叶斯

在机器学习中，朴素贝叶斯分类器是一系列以假设特征之间强（朴素）独立下运用贝叶斯定理为基础的简单概率分类器。

朴素贝叶斯从 20 世纪 50 年代开始已被广泛研究。在 20 世纪 60 年代初就以另外一个名称引入文本信息检索中，并仍是文本分类的一种热门（基准）方法。文本分类是以词频为特征判断文件所属类别或其他问题（如垃圾邮件、合法性、体育或政治等）。通过适当的预处理，它可以与这个领域更先进的方法（包括支持向量机）竞争。它在自动医疗诊断中也有应用。[1]

朴素贝叶斯分类器是高度可扩展的，因此需要数量与学习问题中的变量（特征/预测器）呈线性关系的参数。最大似然训练可以通过评估封闭形式的表达式来完成[2]，而不需要迭代逼近（很多其他分类器采用），前者只需花费线性时间，而后者更费时间。在统计学和计算机科学文献中，朴素贝叶斯模型有各种名称，包括简单贝叶斯和独立贝叶斯。[3] 所有这些名称都参考了贝叶斯定理在该分类器决策规则中的使用，但朴素贝叶斯不一定用到贝叶斯方法。[4] 朴素贝叶斯是一种构建分类器的简单方法。该分类器模型会给问题实例分配用特征值表示的类标签，类标签取自有限集合。它不是训练分类器的单一算法，而是一系列基于相同原理的算法：所有朴素贝叶斯分类器都假定样本每个特征与其他特征不相关。尽管这些特征相互依赖或者有些特征由其他特征决定，但是朴素贝叶斯分类器认为这些属性在判定结论的概率分布上是独立的。

对于某些类型的概率模型，在监督式学习的样本集中能获得非常好的分类效果。在许多实际应用中，朴素贝叶斯模型参数使用最大似然估计方法。换而言之，在不用贝叶斯概率或者任何贝叶斯模型的情况下，朴素贝叶斯模型也能奏效。

尽管带着这些朴素思想和过于简单的假设，但朴素贝叶斯分类器在很多复杂的现实情形中仍能够取得相当好的效果。2004年，一篇分析贝叶斯分类器问题的文章揭示了朴素贝叶斯分类器取得看上去不可思议的分类效

---

① RISH I. An empirical study of the naive Bayes classifier [J]. IJCAI2001 workshop on empirical methods in artificial intelligence，2001，3（22）：41-46.

② 姜繁智，向晓东，朱东升. 国内外岩爆预测的研究现状与发展趋势 [J]. 工业安全与环保，2003，29（8）: 19-22.

③ HAND D J，YU K. Idiot's Bayes：not so stupid after all? [J]. International statistical review，2001，69（3）: 385-398.

④ HAND D J，YU K. Idiot's Bayes：not so stupid after all? [J]. International statistical review，2001，69（3）: 385-398.

果的若干理论原因。^①尽管如此，2006 年有一篇文章详细比较了各种分类方法，发现更新的方法（如决策树和随机森林）的性能超过了朴素贝叶斯分类器。

朴素贝叶斯分类器的一个优势在于，根据少量的训练数据，就能估计出必要的参数（变量的均值和方差）。由于变量独立假设，只需要估计各个变量的方法，而不需要确定整个协方差矩阵。

朴素贝叶斯是一种基于统计的分类方法，其主要核心思想是根据高概率进行决策。假设某个数据点为（x，y），c_i 表示类别为i 的分类，c_1 和c_2 分别代表类别 1 和类别 2，P（c_i|x，y）表示数据点（x，y）属于c_i 类别的概率。

以数据点为例，分别计算和比较P（c_1|x，y）、P（c_2|x，y）的值，然后判断该数据点（x，y）属于c_1 还是c_2 类别。朴素贝叶斯的计算公式如下：

$$P（c_i|x，y）= \frac{P（x，y|c_i）P（c_i）}{P（x，y）} \tag{7-1}$$

如果计算的概率P（c_1|x，y）<P（c_2|x，y），那么该数据点（x，y）为 c_2 类别；如果P（c_1|x，y）>P（c_2|x，y），该数据点（x，y）为c_1 类别。朴素贝叶斯通过计算概率构造分类器，该分类器能完成多分类任务，并且有非常稳定的分类效率。但在实际应用中的不同类别属性是不相互独立的，当属性较多或属性之间相关性较大时，其分类效果就会变差。

7.1.6.2 支持向量机

在机器学习中，支持向量机（Support Vector Machine，简称为SVM，又名支持向量网络^②）是在分类与回归分析中分析数据的监督式学习模型与相关的学习算法。给定一组训练实例，每个训练实例被标记为属于两个类别中的一个或另一个，SVM 训练算法创建一个将新的实例分配给两个类别之一的模型，使其成为非概率二元（binary

① 程学旗，靳小龙，王元卓，等. 大数据系统和分析技术综述［J］. 软件学报，2014，25（9）：1889-1908.

② ZHANG H. Exploring conditions for the optimality of naive Bayes［J］. International journal of pattern recognition & artificial intelligence，2005，19（2）：273-297.

classifier）线性分类器。SVM 模型是将实例表示为空间中的点，这样映射就使得单独类别的实例被尽可能宽的明显间隔分开，然后将新的实例映射到同一空间，并基于它们落在间隔的哪一侧来预测所属类别。

支持向量机的优点是泛化错误率低，计算开销不大，结果易解释。缺点是对参数调节和核函数的选择敏感，原始分类器如果不加修改仅适用于处理二类问题。适用数据类型是数值型和标称型数据。

除了进行线性分类，SVM 还可以使用所谓的核技巧（kernel trick）有效地进行非线性分类，将其输入内容隐式映射到高维特征空间中。当数据未被标记时，不能进行监督式学习，需要用非监督式学习，它会尝试找出数据到簇的自然聚类，并将新数据映射到这些已形成的簇中。将通过支持向量机改进的聚类算法称为支持向量聚类①，当数据未被标记或者仅一些数据被标记时，支持向量聚类在工业应用中经常用作分类步骤的预处理。

将数据进行分类是机器学习中的一项常见任务。假设某些给定的数据点各自属于两个类之一，而目标是确定新数据点在哪个类中。对于支持向量机来说，数据点被视为 p 维向量，而我们想知道是否可以用（p-1）维超平面来分开这些点。这就是所谓的线性分类器。可能有许多超平面可以对数据进行分类。最佳超平面是指给定数据集中，能够将不同类别的数据点最好分开的一个超平面。在确定最佳超平面时，一个常见的目标是使不同类别的数据点到超平面的距离最大化。这样可以增加分类的准确性，使新的数据点更容易被正确分类。如果存在这样的超平面，则称为最大间隔超平面，而其定义的线性分类器被称为最大间隔分类器，或最佳稳定性感知器。更正式地来说，支持向量机在高维或无限维空间中构造超平面或超平面集合，其可以用于分类、回归或其他任务。直观来说，分类边界距离最近的训练样本点越远越好，因为这样可以缩小分类器的泛化误差。支持向

---

① CORTES C，VAPNIK V. Support-vector networks［J］. Machine learning，1995，20（3）：273-297.

量机可用于文本和超文本分类，在归纳和直推方法中都可以显著减少所需要的有类标的样本数。

　　支持向量机用途广泛。在图像分类方面，实验结果表明：在经过三到四轮相关反馈后，比起传统的查询优化方案，支持向量机能够获取明显更高的搜索准确度。这同样也适用于图像分割系统。^① 在分析医学中的蛋白质方面，超过 90% 的化合物能够被正确分类。基于支持向量机权重的置换测试，已被建议作为一种机制用于解释支持向量机模型。支持向量机权重也被用来解释过去的SVM 模型。为识别模型用于预测的特征，对支持向量机模型做出事后解释在生物科学中是具有特殊意义的相对较新的研究领域。

　　支持向量机是一种用于分类和回归问题的线性模型，主要用于数据分类问题，属于监督学习的一种算法。支持向量机解决的问题可以用一个经典的二分类问题进行描述。如图 7-7 所示，SVM 的任务是寻找一个超平面或一条理想的线对数据进行分类。图中实线表示的是最优超平面。从类别 1 和类别 2 中找到最接近最优超平面的点，这些点就称为支持向量。分类线 1 和分类线 2 都

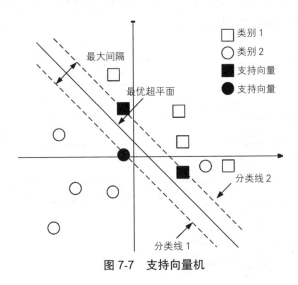

图 7-7　支持向量机

---

① 　 BOSER B E, GUYON I, VAPNIK V. A training algorithm for optimal margin classifiers ［ J ］. Computational learning theory, 1992, 92: 144-152. MENZIES T, HU Y. Data mining for very busy people ［ J ］.Computer, 2003, 36（11）22-29.

平行于最优超平面，并且都穿过距离最优超平面最近的支持向量数据点。两条虚线之间的距离就是分类的最大间隔，前提是这两条虚线与实线的距离相等。

7.1.6.3 决策树

决策树是在已知各种情况发生概率的基础上，通过构成决策树计算净现值的期望值大于、等于零的概率，评价项目风险，判断其可行性的决策分析方法，是直观运用概率分析的一种图解法。由于这种决策分支画成图形后很像一棵树的枝干，故称决策树。

在机器学习中，决策树是一个预测模型，它代表的是对象属性与对象值之间的一种映射关系。树中节点表示某个对象，每个分叉路径则代表某个可能的属性值，而每个叶节点则对应从根节点到该叶节点所经历的路径表示的对象的值。决策树仅有单一输出，若有复数输出，可以建立独立的决策树，以处理不同输出。在数据挖掘中，决策树是一种经常用到的技术，可以用于分析数据和预测。决策树代表实例属性值约束的合取的析取式。从树根到树叶的每一条路径对应一组属性测试的合取，树本身对应这些合取的析取，如图7-8所示。

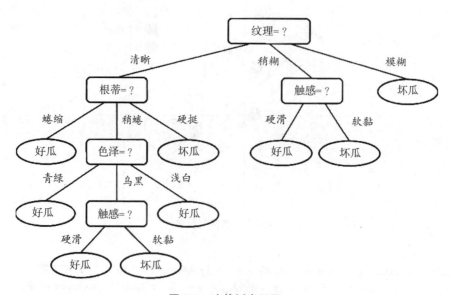

图7-8　决策树表示图

决策树学习也是数据挖掘中的一个普通方法。在这里，每个决策树都表述一种树型结构，由它的分支对该类型的对象依据属性进行分类。每个决策树都可以依靠对源数据库的分割进行数据测试。这个过程可以递归式地对树进行修剪。当不能再进行分割或一个单独的类可以被应用于某一分支时，递归过程就完成了。另外，随机森林分类器将许多决策树结合起来，以提升分类的正确率。[①]

决策树既可以做分类，也可以做回归。

分类树分析是预计结果可能为离散类型（如三个种类的花、输赢等）时使用的概念。

回归树分析是局域结果可能为实数（如房价、患者住院时间等）时使用的概念。

CART（Classification and Regression Trees）决策树分析是结合了上述二者的一个概念。

决策树、影响性图表、应用函数及其他决策分析工具和方法的主要学习人员是商业、健康经济学和公共卫生专业的本科生，它们属于运筹学和管理科学范畴。

相对于其他数据挖掘算法，决策树在以下几个方面拥有优势。

（1）决策树易于理解和实现，通过解释后人们都有能力去理解决策树所表达的意义。

（2）对于决策树，数据的准备往往是简单或者不必要的。这点不同于其他技术。其他技术往往要求先把数据进行一般化处理，如去掉多余或者

① JOZEFOWICZ R, ZAREMBA W, SUTSKEVER I. An empirical exploration of recurrent network architectures［J］. Proceedings of the 32nd international conference on machine learning, 2015：2342-2350. GRAVES A, LIWICKI M, FERNÁNDEZ S, et al. A novel connectionist system for unconstrained handwriting recognition［J］. IEEE transactions on pattern analysis and machine intelligence, 2009, 31（5）: 855-868. FERNÁNDEZ S, GRAVES A, SCHMIDHUBER J. An application of recurrent neural networks to discriminative keyword spotting［C］// Proceedings of the 17th international conference on artificial neural networks. Berlin：Springer-Verlag, 2007：220-229.

空白属性。

（3）决策树能够同时处理数据型和常规型属性。其他技术往往要求数据属性的单一。

（4）决策树是一个白盒模型。这意味着，如果给定一个观察的模型，那么根据产生的决策树很容易推出相应的逻辑表达式。

（5）决策树易于通过静态测试对模型进行评测，表示有可能测量该模型的可信度。

（6）决策树在相对短的时间内能够对大型数据源做出可行且效果良好的结果。

对于各类别、样本数量不一致的数据，在决策树中信息增益结果偏向于具有更多数值特征。[①]

7.1.6.4 循环神经网络

循环神经网络（Recurrent Neural Network，RNN）是神经网络的一种。单纯的RNN因为无法处理随着递归、权重指数级爆炸或梯度消失问题，难以捕捉长期时间关联关系，而结合不同的LSTM（长短期记忆网络），就可以很好地解决这个问题。

时间循环神经网络可以描述动态时间行为，与前馈神经网络接受特定结构的输入不同，RNN在自身网络中循环传递，因此可以接受更广泛的时间序列结构输入。手写识别是最早成功利用RNN的研究结果。

递归神经网络是基于大卫·鲁梅尔哈特1986年的研究工作。1982年，约翰·霍普菲尔德发现了Hopfield神经网络——一种特殊的RNN。1993年，一个神经历史压缩器系统解决了一项非常深度学习的任务，这项任务在RNN展开之后有1000多个后续层。

Hochreiter和Schmidhuber于1997年提出了长短期记忆网络，并在多个应

---

① FERNÁNDEZ S, GRAVES A, SCHMIDHUBER J. An application of recurrent neural networks to discriminative keyword spotting [C] //Proceedings of the 17th international conference on artificial neural networks. Berlin: Springer-Verlag, 2007: 220-229.

用领域创造了精确度纪录。

大约在 2007 年，LSTM 开始革新语音识别领域，在某些语音应用中胜过传统模型。2009 年，一个由 CTC（连接时间分类器）训练的 LSTM 网络赢得了多项连笔手写识别竞赛，成为第一个赢得模式识别竞赛的 RNN。2014 年，百度在不使用任何传统语音处理方法的情况下，使用经过 CTC 训练的 RNNs 打破了 Switchboard Hub5'00 语音识别基准。

LSTM 还改进了大词汇量语音识别和文本到语音的合成，并在谷歌、安卓系统中使用。据报道，2015 年，谷歌语音识别通过接受过 CTC 训练的 LSTM 实现了引用量的大幅提升（49%）。LSTM 打破了机器翻译、语言建模和多语言处理纪录。LSTM 结合卷积神经网络改进了图像自动标注。

RNN 有很多不同的变种，基本的 RNN 是由人工神经元组成的连续层网络。给定层中的每个节点都通过有向（单向）连接连接到下一个连续层中的其他节点。每个连接（突触）都有一个可修改的实值权重。节点要么是输入节点（从网络外部接收数据），要么是输出节点（产生结果），要么是隐藏节点（在从输入到输出的过程中修改数据）。

对于离散时间设置中的监督学习，实值输入向量序列到达输入节点，一次一个向量。在任何给定的时间步长，每个非输入单元将其当前激活（结果）计算为与其连接的所有单元激活的加权和非线性函数。可以在特定的时间步长内为某些输出单元提供给定的目标激活值。例如，如果输入序列是对应口语数字的语音信号，那么序列末尾的最终目标输出是对该数字进行分类的标签。

在强化学习环境中，没有教师提供目标信号。相反，适应度函数或奖励函数偶尔用于评估 RNN 的性能，它通过影响输出单元来影响其输入流。输出单元和一个可以影响环境的执行器相连，这可以用来玩一个游戏，在这个游戏中，进度是用赢得的点数来衡量的。

每个序列产生一个误差，作为目标信号与网络计算相应激活的偏差之和。对于大量序列的训练集来说，总误差是所有单个序列误差的总和。

7.1.6.5 K-近邻算法（KNN）

K-近邻算法（KNN）是一种分类与回归算法，它是机器学习算法中最基础、最简单的算法，其应用场景有实际聚类、文本分类、图像识别等领域。在模式识别领域中，K-近邻算法是一种用于分类和回归的非参数统计方法。在这两种情况下，输入包含特征空间（Feature Space）中的K个最接近的训练样本。该方法的思路是，在特征空间里，如果一个样本附近的K个最近（特征空间中距离最邻近）样本的大多数属于某一个类别，则该样本也属于这个类别。K-近邻算法是一种基于实例的学习，或者是局部近似和将所有计算推迟到分类之后的惰性学习。K-近邻算法是所有的机器学习算法中最简单的之一。K-近邻算法示例如图7-9所示。测试样本（圆形）应归入方形或三角形中。如果K=3（实线圆圈），那么它被归入三角形一类，因为有2个三角形和1个正方形在内侧圆圈之内。如果K=5（虚线圆圈），它被归入正方形一类，因为有3个正方形与2个三角形在外侧圆圈之内。

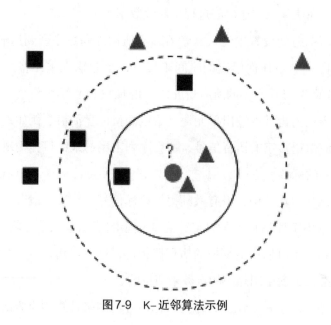

图7-9　K-近邻算法示例

K–近邻算法的一般流程：

（1）收集数据：可以使用任何方法。

（2）准备数据：计算距离所需要的数值，最好是结构化的数据格式。

（3）分析数据：可以使用任何方法。

（4）训练算法：此步骤不适用于 K–近邻算法。

（5）测试算法：计算错误率。

（6）使用算法：首先输入样本数据和结构化的输出结果，然后运行 K–近邻算法判定输入数据分别属于哪个分类，最后应用，对计算出的分类进行后续处理。

例如，在约会网站上使用 KNN 算法。其步骤可分为六大块，分别如下：

（1）收集数据：提供文本书件。

（2）准备数据：使用 Python 解析文本文件。

（3）分析数据：使用 Matplotlib 画二维扩散图。

（4）训练算法：此步骤不适用于 K–近邻算法。

（5）测试算法：使用用户提供的部分数据作为测试样本。测试样本和非测试样本的区别在于，测试样本是已经完成分类的数据。如果预测分类与实际类别不同，则标记为一个错误。

（6）使用算法：系统产生简单的命令运行程序，然后用户可以输入一些特征数据，以判断对方是否为自己喜欢的类型。

K–近邻算法是分类数据最简单、最有效的算法，本章通过两个例子讲述了如何使用 K–近邻算法构造分类器。K–近邻算法是基于实例的学习，使用算法时，我们必须有接近实际数据的训练样本数据。采用 K–近邻算法时，我们必须保存全部数据集，如果训练数据集很大，则必须有大量的存储空间。此外，由于必须对数据集中的每个数据计算距离值，因此实际使用时可能非常耗时。K–近邻算法的一个缺陷是，它无法给出任何数据的基础结构信息，因此我们也无法知晓平均实例样本和典型实例样本具有什么特征。

7.1.6.6 K–均值算法（K-Means）

K–均值算法是发现给定数据集的K个簇的算法。簇的个数K是用户给定的，每一个簇通过其质心（簇中所有点的中心）进行描述。K–均值算法的工作流程是这样的。首先，随机确定K个初始点为质心。然后将数据集中的每个点分配到一个簇中，具体来讲，为每个点找距其最近的质心，并将其分配给该质心所对应的簇。这一步完成之后，每个簇的质心更新为该簇所有点的平均值。

K–均值算法的一般流程：

（1）收集数据：使用任意方法。

（2）准备数据：需要数值型数据来计算距离，也可以将标称型数据映射为二值型数据，再用于距离计算。

（3）分析数据：使用任意方法。

（4）训练算法：不适用于无监督学习，即无监督学习没有训练过程。

（5）测试算法：应用聚类算法、观察结果。可以使用量化的误差指标，如误差平方和评价算法的结果。

（6）使用算法：可以用于所涉及的应用。在通常情况下，簇质心可以代表整个簇的数据做出决策。

聚类是一种无监督学习方法。所谓无监督学习是指事先并不知道要寻找的内容，即没有目标变量。聚类将数据点归到多个簇中，其中相似数据点处于同一簇中，不相似数据点处于不同簇中。对于聚类，可以使用多种不同的方法来计算相似度。

一种广泛使用的聚类算法是K–均值算法，其中K是用户指定的要创建的簇的数目。K–均值算法从K个随机质心开始。算法会计算每个点到质心的距离。每个点会被分配到距其最近的簇质心，然后基于新分配到簇的点更新簇质心。以上过程重复数次，直到簇质心不再改变。这个简单的算法非常有效，但是容易受到初始簇质心的影响。为了获得更好的聚类效果，可以使用二分K–均值的聚类算法。运用二分K–均值算法时，先将所有的点作为一个簇，然后使用K-均值算法（K=2）对其进行划分。在下一次迭代时，选择有最大误差的簇进行划分。该过程重复直到K个簇创建成功为止。二分K-均值的聚类效果要好于K-均值算法。

鉴于KNN与K-Means外形相似，现将它们的不同点阐述如下：

（1）KNN是分类算法，监督学习，它的数据集是无标签的数据，是完全正确的数据；K-Means是聚类算法，非监督学习，它的数据集是杂乱无章的，经过聚类后才变得有一定顺序，即先无序，后有序。

（2）KNN算法中K的含义：针对一个样本x，对它进行分类，即求出它的y，在x附近找到距离它最近的K个数据点。对K个数据点来说，假设属于类别c的数据点占的个数最多，就把x的标签设为C。K-Means算法中K的含义：K是人工固定好的数字，假设数据集合可以分为K个簇，由于K是依靠人工定的，所以需要一定的先验知识。

7.1.6.7 关联分析算法（Apriori）

关联分析算法是一种在大规模数据集中寻找有趣关系的任务。这些关系可以有两种形式：频繁项集和关联规则。频繁项集（frequent item sets）是经常出现在一块的物品的集合，关联规则（association rules）暗示两种物品之间可能存在很强的关系。下面用一个例子来说明这两种概念。表7-1给出了某个杂货店的交易清单。

表7-1　天然食品店交易清单

交易号码	商品
0	豆奶、莴苣
1	莴苣、尿布、葡萄酒、甜菜
2	豆奶、尿布、葡萄酒、橙汁
3	莴苣、豆奶、尿布、葡萄酒
4	莴苣、豆奶、尿布、橙汁

频繁项集是指那些经常出现在一起的物品集合，表 7-1 中的集合{ 葡萄酒，尿布，豆奶} 就是频繁项集的一个例子（集合是用一对大括号"{}"表示的）。从数据集中我们也可以找到如尿布→葡萄酒的关联规则。这意味着如果有人买了尿布，那么他很可能也会买葡萄酒。使用频繁项集和关联规则，商家可以更好地理解他们的顾客。尽管大部分关联规则分析的实例来自零售业，但该技术同样可以用于其他行业，如网站流量分析及医药行业。

Apriori 算法原理很简单：假设我们在经营一家商品种类不多的杂货店，我们对那些经常被一起购买的商品非常感兴趣。我们只有 4 种商品：商品 0、商品 1、商品 2 和商品 3。那么所有可能被一起购买的商品组合有哪些？这些商品组合可能只有一种商品，如商品 0，也可能包括两种、三种或者四种商品。我们并不关心某人买了两件商品 0、四件商品 2 的情况，我们只关心他购买了一种或多种商品。

Apriori 算法的一般过程主要分为六步：

（1）收集数据：使用任意方法。

（2）准备数据：任何数据类型都可以，因为我们只保存集合。

（3）分析数据：使用任意方法。

（4）训练算法：使用 Apriori 算法找到频繁项集。

（5）测试算法：不需要测试过程。

（6）使用算法：用于发现频繁项集及物品之间的关联规则。

关联分析又称关联挖掘，就是在交易数据、关系数据或其他信息载体中查找存在于项目集合或对象集合之间的频繁模式、关联、相关性或因果结构。换句话说，关联分析就是发现数据库中不同项之间的联系。我们可以采用两种方式来量化这些有趣的关系。第一种方式是使用频繁项集，它会给出经常在一起出现的元素项。第二种方式是运用关联规则，每条关联规则意味着元素项之间的"如果……那么"关系。发现元素项间不同的组合是十分耗时的，不可避免需要大量昂贵的计算资源，这就需要一些更智能的方法以帮助我们在合理的时间范围内找到频繁项集。能够实现这个目标的一个方法是Apriori算法，它运用Apriori原理来减少在数据库上进行检查的集合的数目。Apriori原理是指如果一个元素项是不频繁的，那么包含该元素的超集也是不频繁的。Apriori算法从单元素项集开始，通过组合满足最小支持度要求的项集来形成更大的集合。支持度用来度量一个集合在原始数据中出现的频率。

7.1.6.8 逻辑回归算法（Logistic）

假设有一些数据点，我们用一条直线对这些点进行拟合（该线称为最佳拟合直线），这个拟合过程就是回归。利用逻辑回归算法进行分类的主要思想是：根据现有数据对分类边界线建立回归公式，以此进行分类。这里的"回归"一词源于最佳拟合，表示要找到最佳拟合参数集，其背后的数学分析将在下一部分进行介绍。训练分类器的做法就是寻找最佳拟合参数，使用最优化算法。接下来介绍二值型输出分类器的数学原理。

逻辑回归算法的一般过程：

（1）收集数据：采用任意方法收集数据。

（2）准备数据：由于需要进行距离计算，因此要求数据类型为数值型。另外，结构化数据格式最佳。

（3）分析数据：采用任意方法对数据进行分析。

（4）训练算法：大部分时间将用于训练，训练的目的是找到最佳分类回归系数。

（5）测试算法：一旦训练步骤完成，将会很快完成分类。

（6）使用算法：先输入一些数据，并将其转换成对应的结构化数值；接着基于训练好的回归系数对这些数值进行简单的回归计算，判定它们属于哪个类别；然后在输出的类别上做一些其他分析工作。我们想要的函数是，能接受所有的输入，然后预测类别。例如，在两个类别的情况下，上述函数输出 0 或 1。这种性质的函数称为海维赛德阶跃函数（Heaviside step function）或者单位阶跃函数。然而，海维赛德阶跃函数的问题在于该函数在跳跃点上从 0 瞬间跳跃到 1，这个瞬间跳跃过程有时很难处理。幸好，另一个函数也有类似的性质，且数学上更易处理，这就是Sigmoid 函数。Sigmoid 函数具体计算公式如下：

$$\sigma(z) = \frac{1}{1+e^{-z}} \qquad (7\text{-}2)$$

图7-10给出了Sigmoid函数在不同坐标尺度下的两条曲线图。当x为0时，Sigmoid 函数值为0.5。随着x的增大，对应的Sigmoid值将逼近1；而随着x的减小，Sigmoid值将接近0。如果横坐标刻度足够大（图7-10），Sigmoid函数看起来很像一个阶跃函数。

因此，为了实现逻辑回归分类器，我们可以在每个特征上都乘以一个回归系数，然后把所有的结果值相加，将这个总和代入Sigmoid 函数中，进而得到一个范围在0—1之间的数值。大于0.5的数据被分入1类，小于0.5的数据被归入0类。所以，逻辑回归也可以看成一种概率估计。

逻辑回归的目的是寻找一个非线性函数Sigmoid的最佳拟合参数，求解过程可以采用最优化算法来完成。

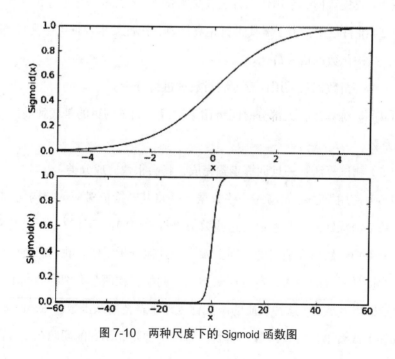

图 7-10　两种尺度下的 Sigmoid 函数图

7.1.6.9 CNN

典型的CNN（卷积神经网络）可以实现从具体到抽象获取物体信息，不仅具有自适应性，拥有自我组织、自我学习的能力，而且CNN具有不同的平衡态，以多样化形式进行演变。典型的CNN包含输入层、卷积层、池化层、全连接层和输出层。

执行分类任务的卷积神经网络通常分为两个部分，前半部分以卷积层为主，兼带有降采样的池化层，在比较复杂的CNN中，可能还存在批量归一化、通道混洗重排等操作，该部分的主要功能是提取图片的特征。而后半部分则是一个或多个全连接层，可以把它看成一个分类器。所以用于分类的CNN，本质是一个特征提取器+分类器的组合。

卷积神经网络的名字由来，就是因为其使用了卷积运算。卷积的目的主要是提取图片的特征。卷积运算可以保持像素之间的空间关系。卷积神经网络中的卷积层对于图像来说类似于一种滤波器或者特征提取器。同样，不同卷积核的效果和不同权重的特征提取器效果具有异曲同工之处。但特征提取器通过每次权重的改变提取不同的图像特征，而卷积则通过卷积核核对输入进行卷积学习操作，减少了大量不必要的连接，极大地减少了参数量。

实际上，卷积核不是真的卷积，而是类似于一个输入和输出之间的线性表达式。为什么叫卷积呢？因为两个次序上相邻的 N×N 卷积核有N-1的重叠。从本质上来说，卷积核是一个线性过滤式。卷积核过滤的结果相当于一次线性计算，卷积核之后的亚采样和池化都是为了把局部特征进行抽象化。

池化是通过卷积核进行计算来降低参数量，并在保留图像数据大致特征的同时减少数据大小的过程。在通往最后的全连接层之前加入池化过程可以有效降低参数量。全连接层就是将每一层的神经元与下一层所有神经元相连，将池化后的岩爆数据特征学习权重系数进行分类。

7.2 岩爆试验大数据 AI 分析算法

7.2.1 基于卷积神经网络的岩爆预测算法

由于岩爆图像属于二维图像，而且岩爆发生时的图像具有明显的本命特征，因此通过常用的人工神经网络CNN对岩爆图像进行处理分析。

基于CNN的岩爆图像处理算法流程图如图7-11所示。

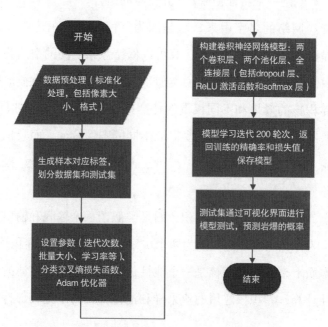

图 7-11　基于 CNN 的岩爆图像处理算法流程图

具体算法步骤如下：

步骤一：数据处理并输入（输入层）

输入层主要是通过旋转、缩放与归一化对图像进行预处理，将 1024×1024 的源图像数据处理成数字图像像素大小为 64×64。由于岩爆图像内存在碎屑、裂纹等明显现象，具有较高的辨识度，因此直接将处理后的 64 维图像当作卷积神经网络输入层特征向量（特征向量是指卷积神经网络模型能够接受的输入层数据），得到输入是一个 64×64 的元组，这是由实际应用决定的。

步骤二：搭建 CNN 深度学习模型

（1）两个卷积层

CNN 中的卷积层对于图像来说类似于一种滤波器。同样，不同卷积核的效果和不同权重的滤波器效果具有异曲同工之处。对于岩爆发生时图像中的明显裂纹与粉尘爆破特征，采用的是两层卷积。第一层卷积采用的是 64 个 $3 \times 3 \times 3$ 卷积核进行卷积处理，卷积后的图与原尺寸一致，通过一层池化后，再通过第二层 16 个 $3 \times 3 \times 3$ 卷积核进行卷积操作，提取裂纹与粉尘爆破的岩爆特征。

（2）两个池化层

池化是通过卷积核进行计算来降低参数量并保留图像数据大致特征、减少数据大小的过程。因此，在每一次卷积后，权重系数增大，进行池化，同时由于卷积层极大地降低了参数量，因此需要在通往最后的全连接层之前加入池化过程，以降低参数量。采用池化操作虽然丢失了一些信息，但是保持了图像的平移、伸缩等不变性，步长为 2，并在池化后执行 IRN 操作，使局部影响归一化，并提取了优质的岩爆裂纹、粉尘爆破特征，提高了 CNN 深度学习网络的鲁棒性。

（3）两个全连接层

全连接层就是将每一层的神经元与下一层的所有神经元相连，也是为了学习池化后的岩爆特征权重系数，进而进行分类。通过固定输入岩爆图像大小及全连接层系数矩阵，为输出层提供更加突出的岩爆图像特征。

步骤三：输出

输出层是输出分类结果及在学习中的损失值，主要把 ReLU 函数作为输出时的激活函数，其不仅可以对特定神经元进行激活，而且与其他激活函数相比，能够克服梯度消失的问题，训练速度较快。对于损失函数来说，采用的是传统的交叉熵损失函数，即softmax函数。softmax函数可以通过其内置对数函数将最终输出结果变成概率标签向量，再通过交叉熵损失函数将其概率标签向量与真实值进行相关计算进而得到损失值，使得网络在训练时收敛速度较快。

图 7-12 为训练过程中的损失值与预测值。其横坐标为迭代次数，下方的线代表数据结果损失值，上方的线代表数据预测结果。通过图 7-12，我们还能发现随着迭代学习次数增加，CNN 模型的特征提取逐渐精准，大概迭代到 200 次左右，交叉熵损失值越来越趋于零，预测精度逐渐趋于百分之百。

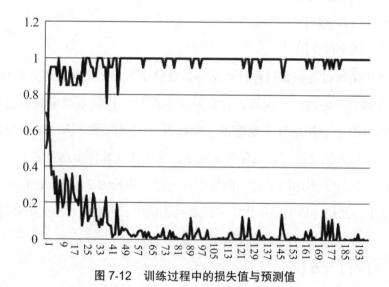

图 7-12　训练过程中的损失值与预测值

图 7-13 为岩爆图像识别可视化界面。通过python 内Tkinter 接口对岩爆图像识别进行了可视化页面设计。输入岩爆图像数据后，该页面不仅可以显示发生岩爆的可能性指数，而且在页面中下部分可以展现需要识别的岩爆图像，为后期岩爆预测系统提供有力依据。

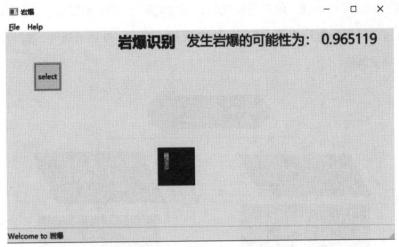

图 7-13　岩爆图像识别可视化界面

7.2.2　多源异构岩爆试验大数据融合预测算法

该算法是将对前两个算法的结果进行决策级融合，主要是通过具有极大优势的模糊神经网络。在融合中心处理器中利用模糊神经网络对信息特征融合，可以较大程度提高系统抗干扰能力和容错能力。模糊逻辑的最明显特征是，它可以将环境信息、专家知识引入系统，表示为语言变量与描述规则，依据人的经验，并根据这些规则分辨、识别系统，拓宽信息处理能力和范围。神经网络最大的特点就是它的学习能力，在定义了神经网络的结构之后，它可以根据样本进行自我学习，根据结果决定是否调整权值，并将调整后的权值隐含在其权值矩阵中，使规则更加适合。模糊神经网络结合模糊逻辑与神经网络的优点，具有很强的灵活性和表达能力，对不确定性信息有较强的推理能力，具体应用性好。

对于岩爆试验数据来说，岩爆发生是一个多属性决策问题，DRD 组合算法流程图如图 7-14 所示。DRD 组合算法具体算法如下：

步骤一：对输入进行量化

岩爆试验数据是多属性决策，但前边第一种算法（7.2.1 节）已将一维数据特征进行关联处理，降低了属性值，因此此时主要对一维属性、二维图像属性这两种属性进行决策。假设A为决策者，R_1为一维决策属性，R_2为二维图像决策属性。

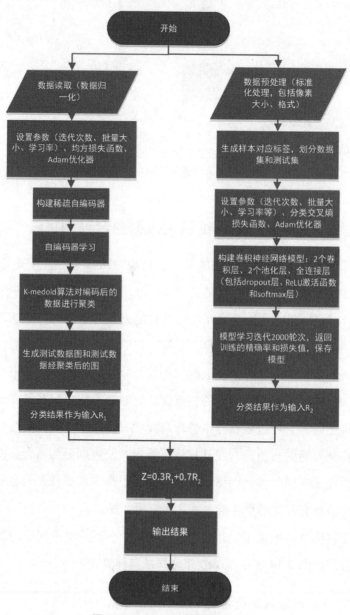

图 7-14　DRD 组合算法流程图

步骤二：决策属性权重

岩爆发生时，会伴随财产损失及安全隐患，因此岩爆预测在煤矿开采的过程中起着至关重要的作用，而从专家角度分析 R_2 比 R_1 更能直接影响整个煤矿采矿系统的安全性和稳定性，具有明显的决策性。根据悲观型决策方法与专家决策，对 A 决策者搭建适合岩爆的决策方案，其表达式如下：

$$A = \left\{ A_k \middle| \ k \in I, \ A_k = \begin{bmatrix} 0.3 & 0.7 \end{bmatrix} \begin{bmatrix} R_1 \\ R_2 \end{bmatrix} \right\} \qquad （7\text{-}3）$$

由于 R_1 与 R_2 的数值都为 0 或 1（0 表示未岩爆，1 表示岩爆），因此当 A 的数值大于 0.5 时表示有强烈岩爆倾向，当 A 的数值为 0 时表示没有岩爆倾向，当 A 的数值为其他数值时则表示有轻微岩爆倾向。

使用岩爆试验数据对所提方法可行性进行验证。从图 7-15 可以看出，DRD 决策级融合算法比 SAEM 数据融合算法和 CNN 岩爆图像识别算法的损失值更低，而且数据来源更真实可靠。但是由于数据数量大，网络模型较为复杂，因此其训练的时间相对增长。图 7-16 为岩爆决策级融合系统可视化界面，可看出多源异构岩爆试验大数据融合算法预测的概率性更好。

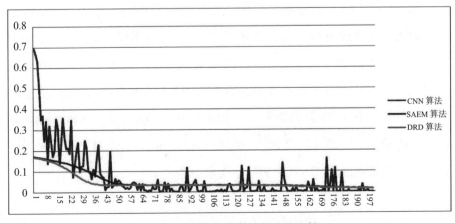

图 7-15　三种不同算法损失值比较

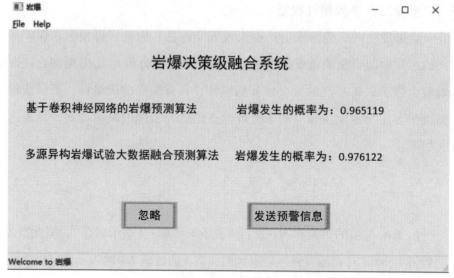

图 7-16 岩爆决策级融合系统可视化界面

7.3 领域前沿

7.3.1 第一阶段

自 20 世纪 60 年代以来，无数前人研究岩爆历经 60 余年，采用传统方法取得了丰硕的成果。截至 2020 年 12 月，在谷歌学术上搜索Rockburst显示有 25 400 篇相关文章（见图 7-17）；在百度学术搜索显示有 26 000 篇相关文章，其中被北大核心收录的有 1773 篇（见图 7-18）；在EI中搜索Rockburst 显示有 2078 篇相关文章（见图 7-19）；在SCI 中搜索Rockburst 显示有 490 篇相关文章（图 7-20）。经过长时间研究，岩爆研究逐渐发展到瓶颈期，难以做出预测或者预测的准确率不高。

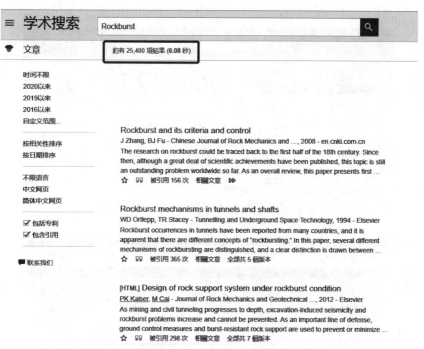

图 7-17　在谷歌学术上搜索 Rockburst 结果

图 7-18　在百度学术上搜索 Rockburst 结果

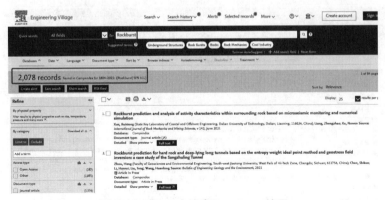

图 7-19　在 EI 中检索 Rockburst 结果

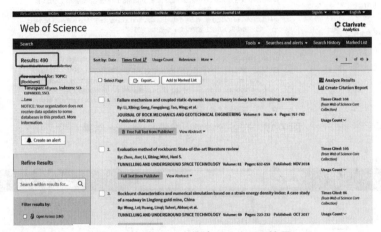

图 7-20　在 SCI 中检索 Rockburst 结果

7.3.2　第二阶段

自 2013 年以来，大数据 AI 课题组将大数据技术引入岩爆研究，取得了一定成果，也有不少国内外同行开展了相关研究。截至 2020 年 12 月，在谷歌学术上检索big data Rockburst，显示有 3100 篇相关文章（见图 7-21）；在百度学术上搜索共有 14 篇相关文章，其中被北大核心收录的有 4 篇（见图 7-22）；在EI 索引中搜索big data Rockburst，显示有 9 篇相关文章（见图 7-23）；在SCI 索引中搜索big data Rockburst，显示有 3 篇相关文章（见图 7-24）。经过长时间研究，岩爆研究逐渐上升到瓶颈期，难以做出预测或者预测的准确率不高。

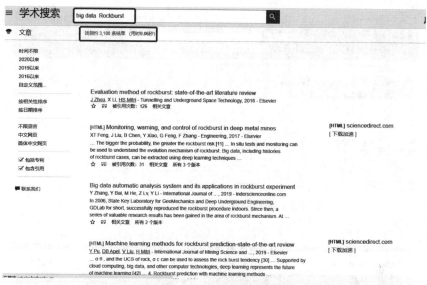

图 7-21　在谷歌学术上检索 big data Rockburst 结果

图 7-22　在百度学术上检索"大数据岩爆"结果

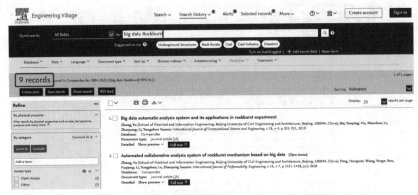

图 7-23　在 EI 中检索 big data Rockburst 结果

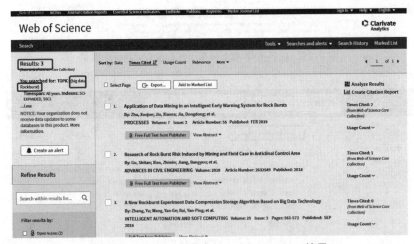

图 7-24　在 SCI 中检索 big data Rockburst 结果

7.3.3　第三阶段

智能化第四次工业革命是人工智能的机遇。众所周知，人类已经经历了三次工业革命。

第一次工业革命——机械化（18 世纪 60 年代至 19 世纪 40 年代），是一场从英国发起的技术革命，此次革命从工作机的诞生开始，以蒸汽机作为动力机被广泛使用为标志，是技术发展史上的一次巨大革命，开创了以机器代替手工劳动的时代，如图 7-25 所示。

图 7-25 第一次工业革命——机械化

第二次工业革命——电气化，是指资本主义国家在 19 世纪 60 年代后期发生的一场经济革命。此次革命促成了电器的广泛使用、内燃机的使用及通讯事业的发展，人类由此进入电气时代。第二次工业革命极大推动了社会生产力的发展，对人类社会的经济、政治、文化、军事、科技等产生了深远的影响，如图 7-26 所示。

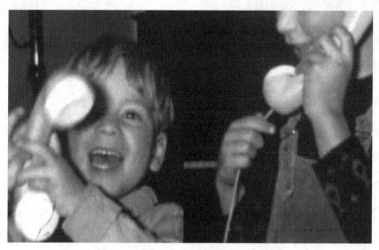

图 7-26 第二次工业革命——电气化

第三次工业革命——信息化，是人类文明史上继蒸汽技术革命和电力技术革命之后科技领域里的又一次重大飞跃。这次工业革命以原子能、电子计算机、空间技术和生物工程的发明和应用为主要标志，是涉及信息技术、新能源技术、新材料技术、生物技术、空间技术和海洋技术等诸多领域的一场信息控制工业革命。这次工业革命不仅极大地推动了人类社会经济、政治、文化领域的变革，而且也影响了人类生活方式和思维方式。随着科技的不断进步，人类的衣、食、住、行、用等日常生活的各个方面也在发生了重大的变革，如图 7-27 所示。

图 7-27　第三次工业革命——信息化

第四次工业革命——智能化，是人工智能的机遇。人工智能迎来新机遇的动因有很多，如数据井喷、计算能力突破、算法突破等，如图 7-28、图 7-29、图 7-30 所示。第四次工业革命是以人工智能、新材料技术、分子工程、石墨烯、虚拟现实、量子信息技术、可控核聚变、清洁能源及生物技术为技术突破口的工业革命。第四次工业革命基于网络物理系统，将通信的数字技术与软件、传感器和纳米技术相结合来改变我们今天所知的世界。

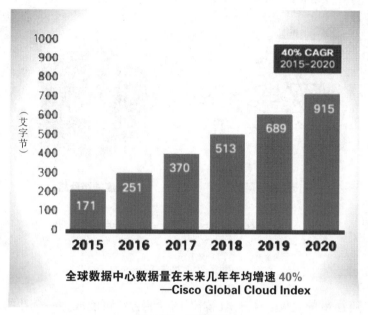

图 7-28　数据井喷

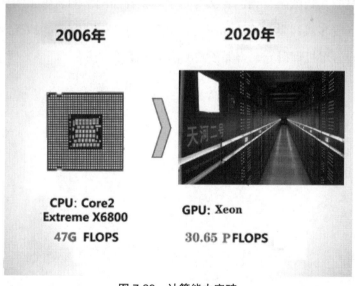

图 7-29　计算能力突破

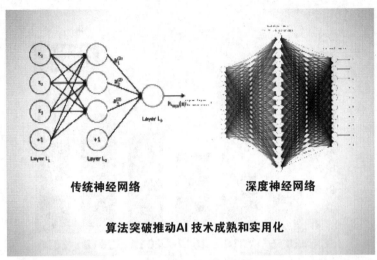

图 7-30　算法突破

　　伴随着AI的发展，未来 AI+岩爆的预测方法可能成为一个新的热点方向。大数据AI课题组在2015年开始进行相关的尝试，提出并实现了多源异构岩爆试验大数据融合预测算法与基于卷积神经网络的岩爆预测算法，未来将引入更多机器学习算法和深度学习算法到岩爆研究中，拟探索寻找一种更适合岩爆机理研究、岩爆预测准确率更高的方法。

第 8 章 岩爆试验大数据 AI 处理系统

前面章节对作者提出的一套完整的岩爆试验大数据人工智能分析方法进行了详细介绍。在本章，笔者将上述方法进行实际应用，设计开发了一个岩爆试验大数据AI 处理系统，并投入实际的科研工作中，取得了很好的效果。下面对岩爆试验大数据AI 处理系统进行详细的介绍。

8.1 系统简介

本书提出并形成了一套完整的岩爆试验大数据人工智能分析方法，并将上述方法进行实际应用，设计并开发了一个岩爆试验大数据AI 处理系统（见图 8-1）。系统可以满足岩爆研究过程中试验产生的大数据存储、管理及数据处理等需求。该系统目前在正常运行中，已经解决了深部岩土力学与地下工程国家重点实验室岩爆试验过程中面临的数据管理与分析等难题。同时，在目前各种科学研究都不可避免地产生大量试验数据的形势下，本系统具有很好的推广价值，可以通过不断扩充系统模块来满足各学科多样化

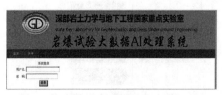

图 8-1 岩爆试验大数据 AI 处理系统

的科研需求，帮助广大科研工作者解决数据处理困境，提高科研效率。

岩爆试验大数据AI处理系统可对实验数据进行上传、下载及常规的编辑操作，实现实验数据的管理，并可对上传数据进行处理分析，生成结果图片，辅助研究人员对实验进行大数据处理、AI分析等，系统还设置了多权限的用户访问策略，提供对系统数据进行备份、还原等功能，最大限度地保障系统数据安全。

系统功能模块如图8-2所示。

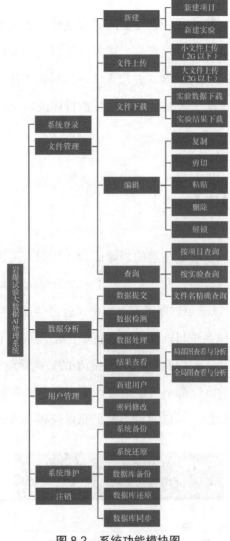

图8-2 系统功能模块图

8.2　系统部署

岩爆试验大数据 AI 处理系统可实现数据管理及后台处理分析，因此部署过程分为数据库部署、数据处理软件部署及网站部署等几部分。

8.2.1　安装环境

系统部署环境如下：

操作系统：Windows 2003 server 以上版本。

数据库：SQL Server 2005 以上版本。

IIS：6.0 以上版本。

内存：4G 以上。

硬盘：1T 以上。

8.2.1.1 Windows 2008 server 64bit 系统安装

服务器的操作系统采用 Windows 2008 server 64bit 系统，系统安装按照操作系统常规安装步骤进行。

8.2.1.2 SQL Server 2008 系统安装

该系统数据库采用的是 SQL Server 2008 系统，安装过程如下：

首先下载并安装 .NET Framework 3.5（见图 8-3）。

下载地址：http://www.microsoft.com/zh-cn/download/details.aspx?id=25150。

图 8-3　SQL Server 2008 系统安装步骤 1

启动 SQL Server 2008 系统安装程序（见图 8-4）。

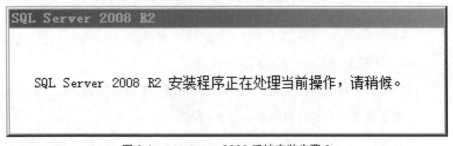

图 8-4　SQL Server 2008 系统安装步骤 2

安装启动界面如图 8-5 所示。查看图 8-5 中硬件和软件要求，做好安装前准备。

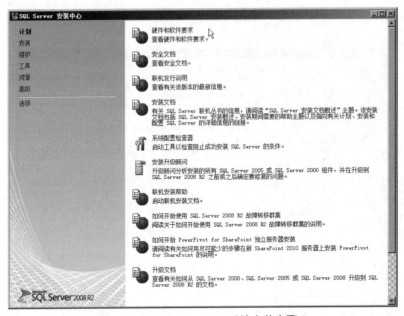

图 8-5　SQL Server 2008 系统安装步骤 3

单击图 8-6 中"安装"按钮。

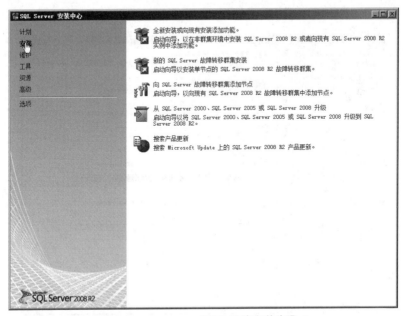

图 8-6　SQL Server 2008 系统安装步骤 4

如图 8-7 所示，选择"全新安装或向现有安装添加功能"。

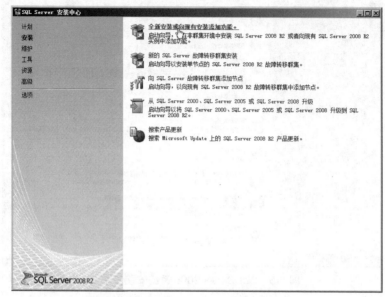

图 8-7　SQL Server 2008 系统安装步骤 5

如图 8-8 所示，启动安装过程。

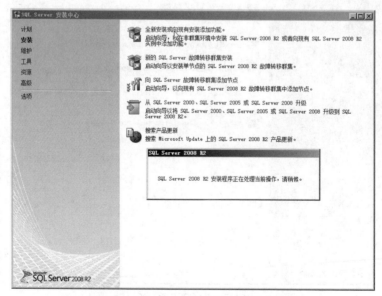

图 8-8　SQL Server 2008 系统安装步骤 6

如图 8-9 所示，单击"确定"按钮。

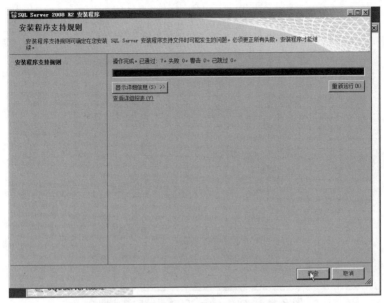

图 8-9　SQL Server 2008 系统安装步骤 7

在图 8-10 中相应位置输入产品密钥，单击"下一步"。

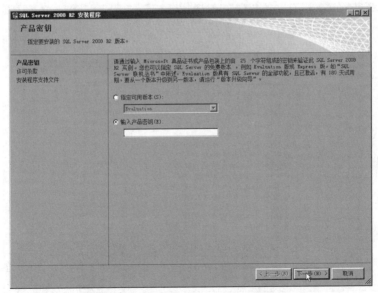

图 8-10　SQL Server 2008 系统安装步骤 8

在图 8-11 中选择"我接受许可条款（A）"，单击"下一步"。

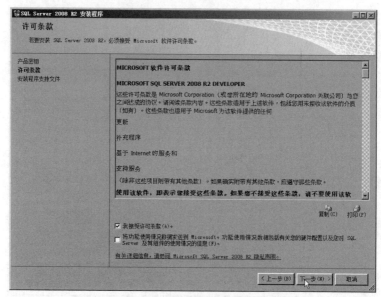

图 8-11　SQL Server 2008 系统安装步骤 9

在图 8-12 中单击"安装"。

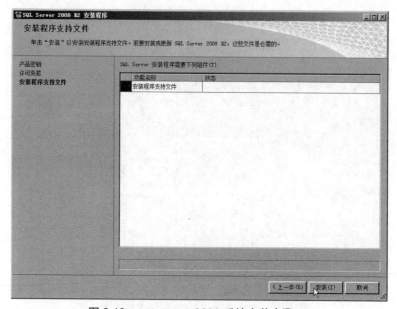

图 8-12　SQL Server 2008 系统安装步骤 10

如图 8-13 所示，检测基本通过，但需要关闭Windows 防火墙。

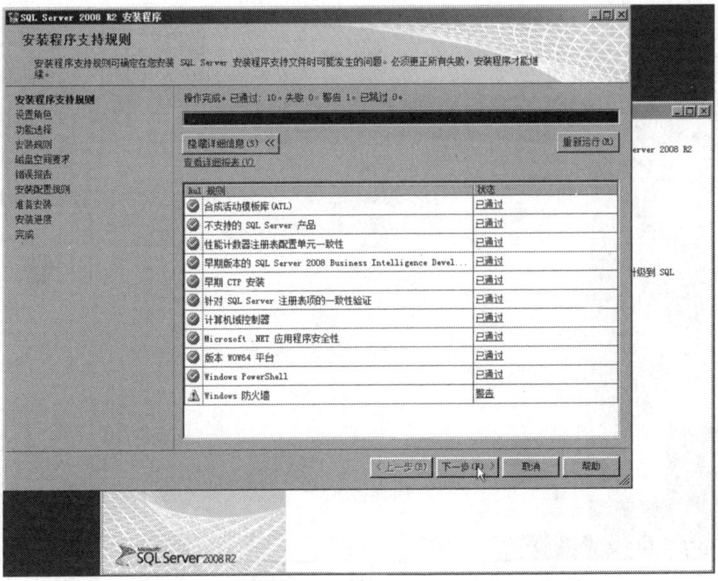

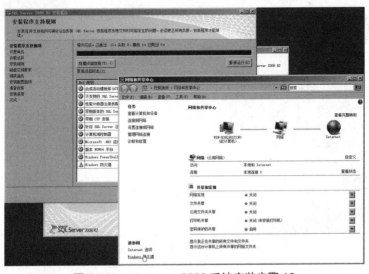

图 8-13　SQL Server 2008 系统安装步骤 11

防火墙设置如图 8-14 所示。打开"网络和共享中心"，单击"Windows 防火墙"进行设置。

图 8-14　SQL Server 2008 系统安装步骤 12

更改防火墙设置为"关闭"，如图 8-15 至图 8-18 所示。

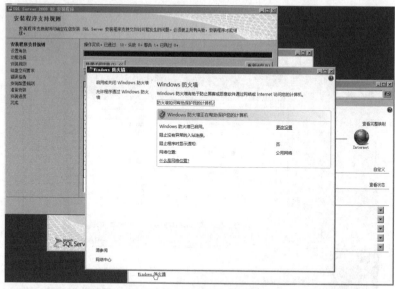

图 8-15　SQL Server 2008 系统安装步骤 13

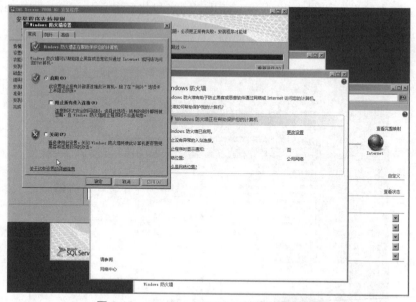

图 8-16　SQL Server 2008 系统安装步骤 14

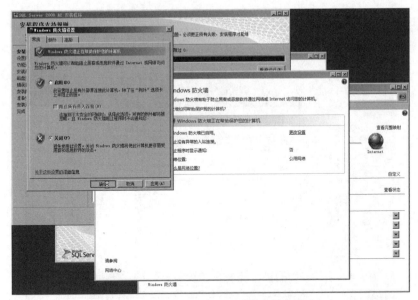

图 8-17　SQL Server 2008 系统安装步骤 15

如图 8-18 所示，防火墙设置完毕。

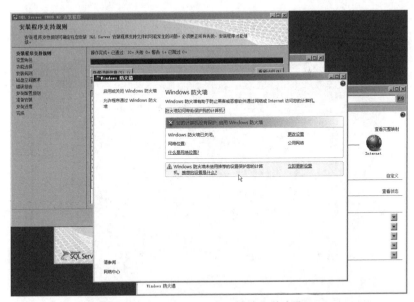

图 8-18　SQL Server 2008 系统安装步骤 16

单击图 8-19 中"下一步"按钮。

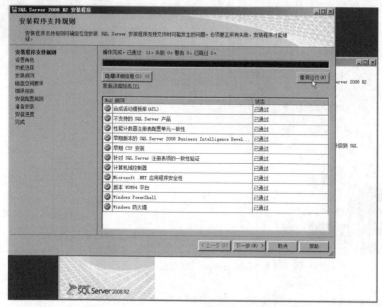

图 8-19 SQL Server 2008 系统安装步骤 17

在图 8-20 中选择"SQL Server 功能安装（S）"，单击"下一步"。

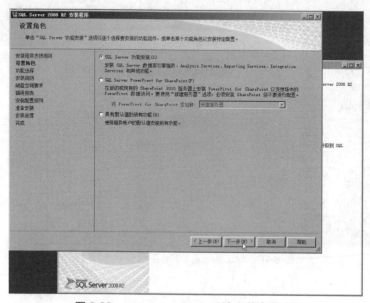

图 8-20 SQL Server 2008 系统安装步骤 18

如图 8-21、图 8-22 所示，勾选预安装功能，单击"下一步"。

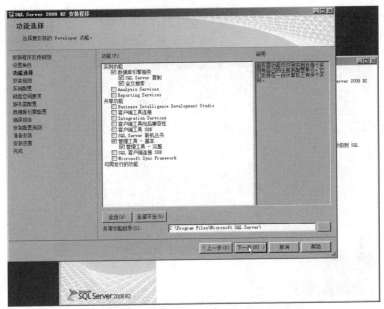

图 8-21 SQL Server 2008 系统安装步骤 19

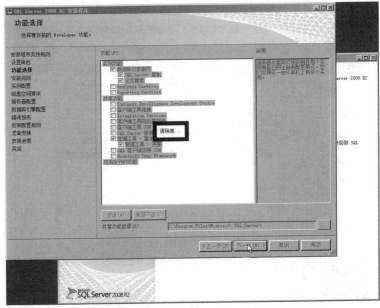

图 8-22 SQL Server 2008 系统安装步骤 20

如图 8-23 所示，单击"下一步"。

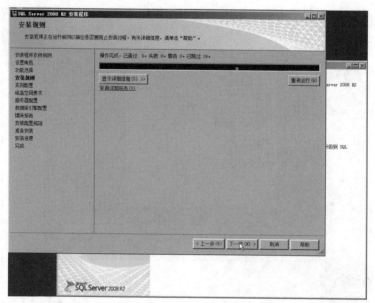

图 8-23　SQL Server 2008 系统安装步骤 21

如图 8-24 所示，选择"默认实例（D）"，单击"下一步"。

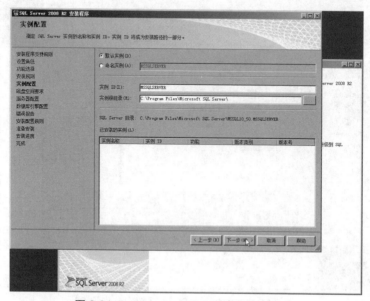

图 8-24　SQL Server 2008 系统安装步骤 22

如图 8-25 所示，单击"下一步"。

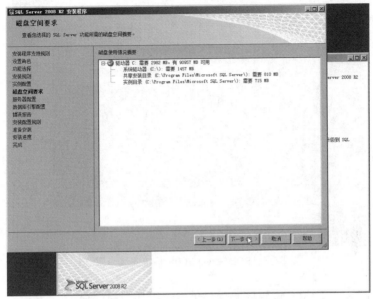

图 8-25　SQL Server 2008 系统安装步骤 23

进行如图 8-26、图 8-27 所示设置后，单击"下一步"。

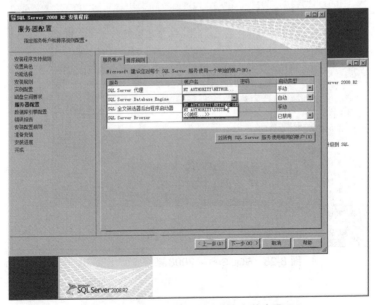

图 8-26　SQL Server 2008 系统安装步骤 24

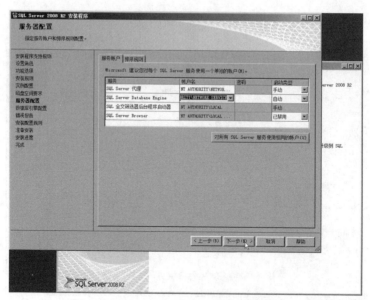

图 8-27　SQL Server 2008 系统安装步骤 25

如图 8-28 所示，设置密码后，单击"添加当前用户"。

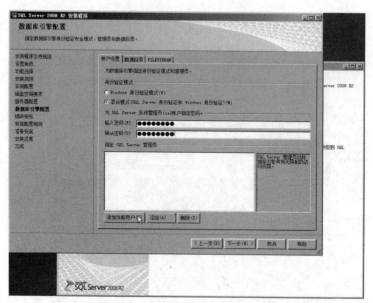

图 8-28　SQL Server 2008 系统安装步骤 26

如图 8-29 所示，单击"下一步"。

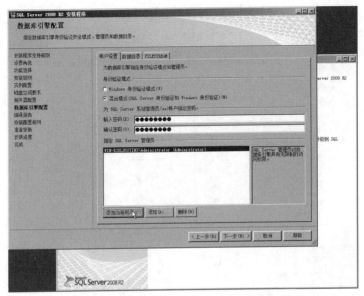

图 8-29　SQL Server 2008 系统安装步骤 27

如图 8-30 所示，单击"下一步"。

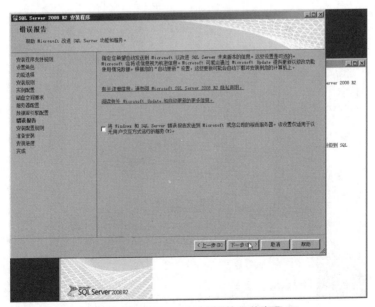

图 8-30　SQL Server 2008 系统安装步骤 28

如图 8-31 所示，单击"下一步"。

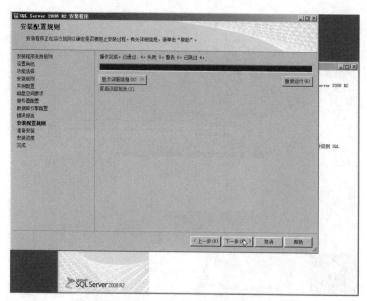

图 8-31　SQL Server 2008 系统安装步骤 29

如图 8-32 所示，单击"安装"。

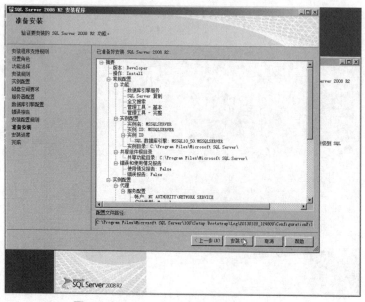

图 8-32　SQL Server 2008 系统安装步骤 30

如图 8-33 所示，SQL Server 2008 系统安装完成，单击"关闭"。

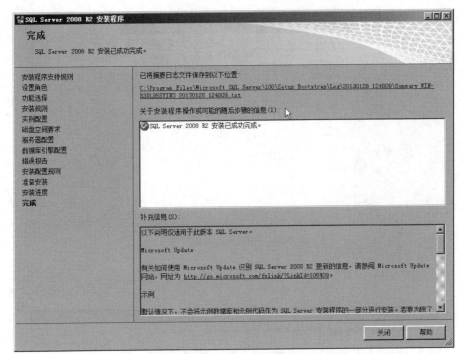

图 8-33　SQL Server 2008 系统安装步骤 31

8.2.1.3 MATLAB 2013b 程序及其插件安装

由于该系统数据处理模块需要调用MATLAB 的部分函数，不需要完整安装MATLAB 软件，因此仅需要安装MATLAB 2013b MCR8.1 32bit 版本。该环境安装程序可从MATLAB 官网上下载。

MATLAB 2013b MCR8.1 下载地址：http://www.mathworks.cn/products/compiler/mcr/index.html。

在图 8-34 中选择MATLAB 2013b MCR8.1 32bit 版本进行下载，启动安装程序如图 8-35 所示。

图 8-34　MATLAB 安装步骤 1

在图 8-35 中单击"下一步"，开始安装。

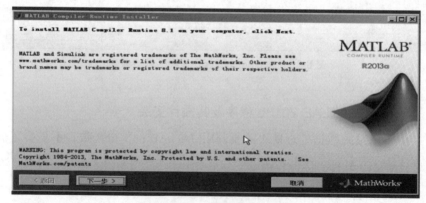

图 8-35　MATLAB 安装步骤 2

8.2.2　网站部署

8.2.2.1 NET Framework 4.0 组件安装

网站正常运行需要安装.NET Framework 4.0 组件。该组件安装程序可从 Microsoft 官网上下载，双击"安装"程序即可，如图 8-36 所示。

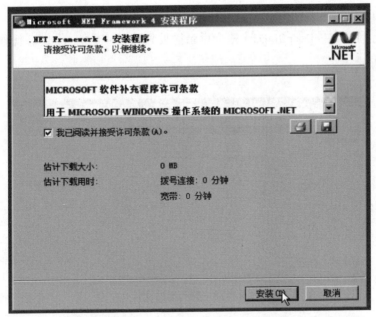

图 8-36　.NET Framework 4.0 组件安装步骤 1

如图 8-37 所示，.NET Framework 4.0 组件安装完毕，单击"完成"。

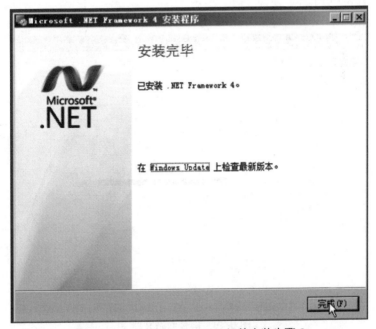

图 8-37　.NET Framework 4.0 组件安装步骤 2

8.2.2.2 网站部署

将网站文件DeepBigData 整个目录拷贝到路径"C:\Inetpub",操作如图 8-38 所示。

图 8-38　拷贝网站文件

该系统是BS 架构系统,在服务器端需要部署网站文件,仅需要将网站全部文件内容复制到本地硬盘再完成相应的配置文件修改即可。具体配置过程如图 8-39 所示。

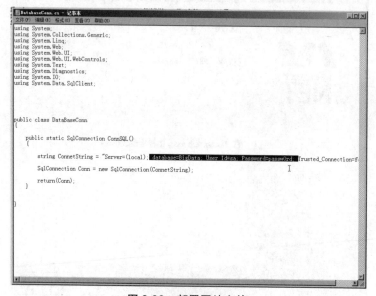

图 8-39　部署网站文件

8.2.2.3 IIS 安装与配置

软件的正常运行需要安装和配置IIS，点击Windows 组件安装，进行IIS的安装。

1. IIS 的安装

打开"服务器管理器"。

如图 8-40 所示，单击"角色"按钮。

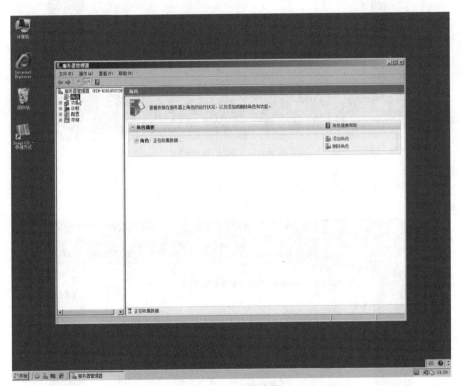

图 8-40　IIS 安装步骤 1

如图 8-41 所示，单击"添加角色"按钮。

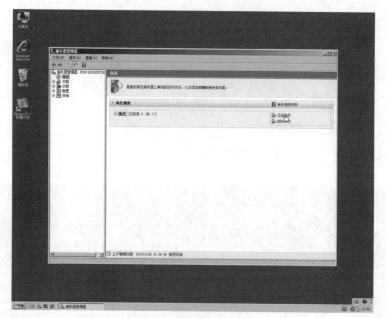

图 8-41　IIS 安装步骤 2

如图 8-42 所示，单击"下一步"按钮。

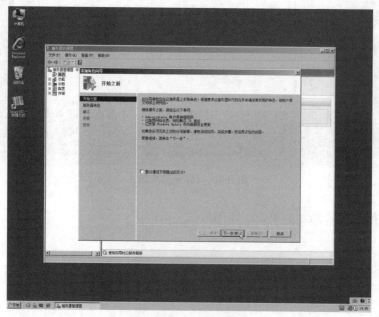

图 8-42　IIS 安装步骤 3

如图 8-43 所示，勾选完毕后单击"Web 服务器（IIS）"。

图 8-43　IIS 安装步骤 4

如图 8-44 所示，单击"添加必需的功能（A）"。

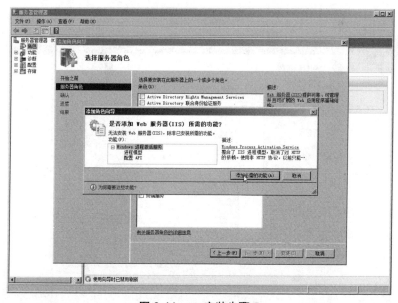

图 8-44　IIS 安装步骤 5

如图 8-45 所示，单击"下一步"。

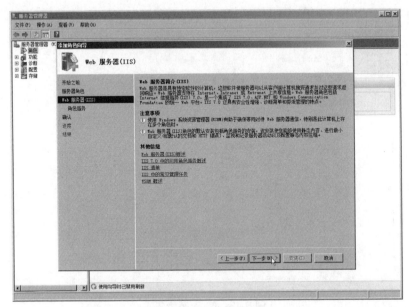

图 8-45　IIS 安装步骤 6

如图 8-46 至图 8-48 所示，勾选角色所需服务，单击"下一步"。

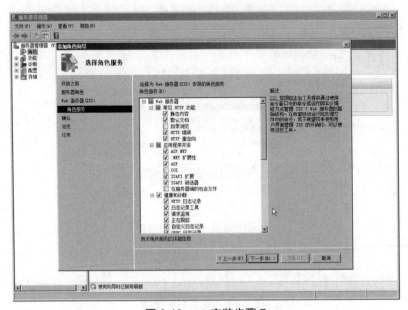

图 8-46　IIS 安装步骤 7

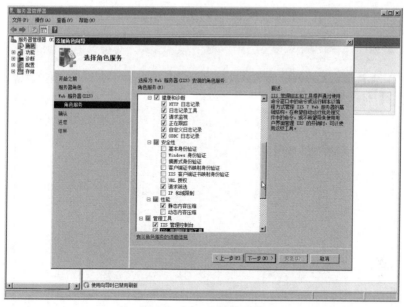

图 8-47　IIS 安装步骤 8

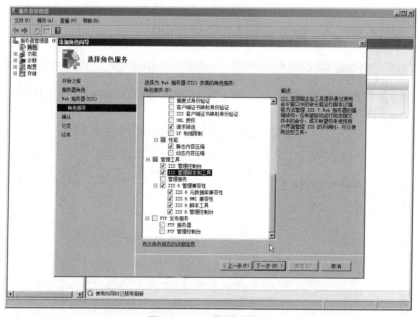

图 8-48　IIS 安装步骤 9

如图 8-49 所示，单击"安装"按钮，启动IIS 安装。

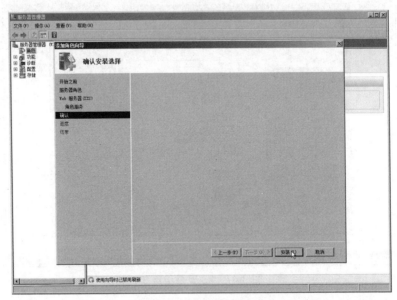

图 8-49　IIS 安装步骤 10

如图 8-50 所示，IIS 安装完毕，单击"关闭"。

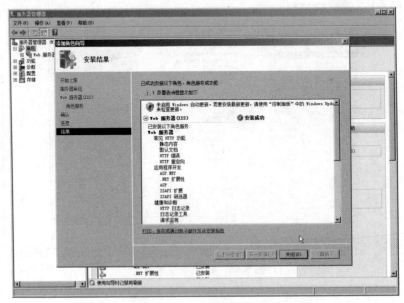

图 8-50　IIS 安装步骤 11

2. IIS 配置

IIS 安装完成后，需要对网站进行配置，过程如下。

如图 8-51 所示，在开始菜单中，依次单击"管理工具""Internet 信息服务（IIS）管理器"。

图 8-51　IIS 配置步骤 1

如图 8-52 所示，单击"起始页"，选择"连接至localhost"。

图 8-52　IIS 配置步骤 2

如图 8-53 所示，在连接窗格中单击本机主机名前的展开按钮。

图 8-53　IIS 配置步骤 3

如图 8-54 所示，在快捷菜单中选择"添加网站"。

图 8-54　IIS 配置步骤 4

如图 8-55 所示，单击对话框中的"选择"按钮。

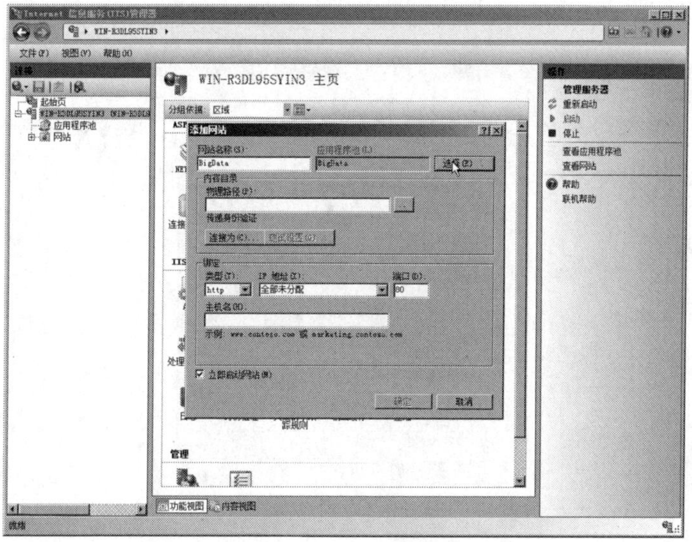

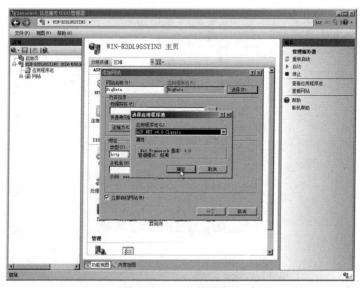

图 8-55　IIS 配置步骤 5

如图 8-56 所示，在弹出的对话框中选择"ASP.NET v4.0 Classic"，单击"确定"。

图 8-56　IIS 配置步骤 6

如图 8-57 所示，物理路径设置为网站安装路径，推荐采用默认安装路径 "C:\Inetpub"，本书采用 "D:\temp\ 网站学习"。

图 8-57 IIS 配置步骤 7

如图 8-58 所示，绑定网站IP 地址，即服务器所在IP 地址。

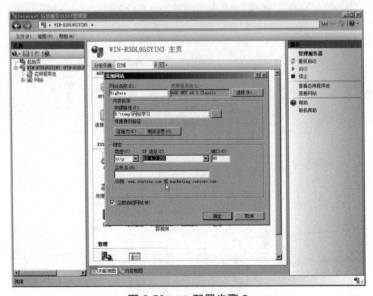

图 8-58 IIS 配置步骤 8

如图 8-59 所示，单击"确定"添加网站。

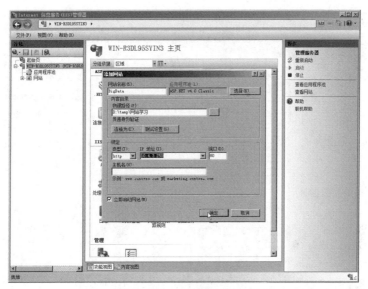

图 8-59　IIS 配置步骤 9

如图 8-60 所示，添加网站成功后，选择相应网站，单击"处理程序映射"。

图 8-60　IIS 配置步骤 10

如图 8-61 所示，在右侧窗格中单击"添加通配符脚本映射"。

图 8-61　IIS 配置步骤 11

如图 8-62 和图 8-63 所示，按路径选中"aspnet_isapi.dll"文件进行加载。

图 8-62　IIS 配置步骤 12

图 8-63　IIS 配置步骤 13

如图 8-64 所示，单击"确定"按钮。

图 8-64　IIS 配置步骤 14

如图 8-65 所示，选择"是（Y）"，IIS 配置成功。

图 8-65　IIS 配置步骤 15

测试如图 8-66 所示。

图 8-66　IIS 配置步骤 16

8.2.3　数据库初始化

系统数据管理需要数据库的支撑，在完成上述程序安装后需要将数据库初始化，本过程只将所需数据库还原，并更改系统相应的配置文件。

如图 8-67 所示，更改数据库配置文件中相应的数据库名称与密码。

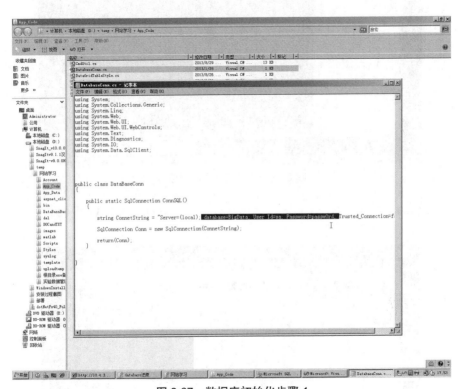

图 8-67　数据库初始化步骤 1

如图 8-68 所示，在SQL Server 对象管理器中还原数据库。

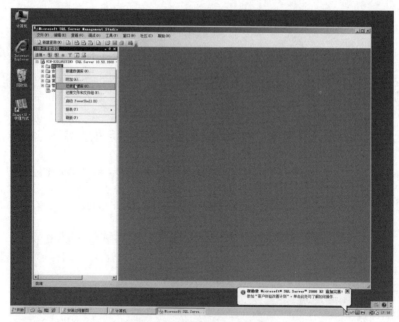

图 8-68　数据库初始化步骤 2

如图 8-69 和图 8-70 所示，选择数据库备份文件，单击"确定"。

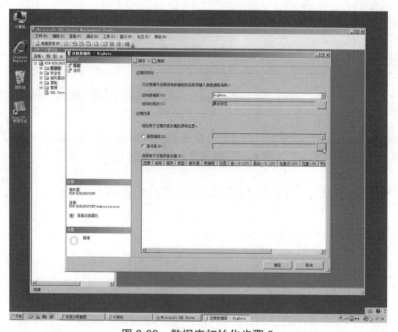

图 8-69　数据库初始化步骤 3

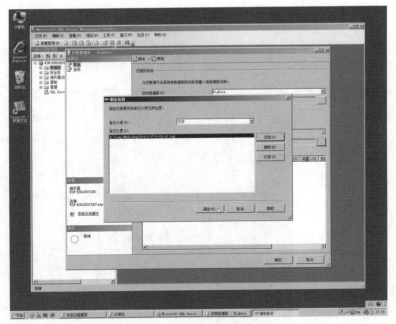

图 8-70　数据库初始化步骤 4

如图 8-71 所示，勾选所需数据库的备份文件，单击"确定"。

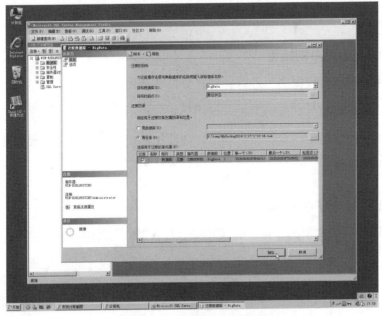

图 8-71　数据库初始化步骤 5

还原数据库结构，如图 8-72 所示。

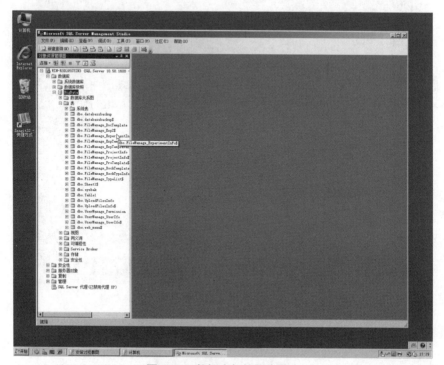

图 8-72　数据库初始化步骤 6

8.2.3.1 用户初始化

系统采用多权限用户进行管理，分为普通用户、管理员用户和超级管理员。超级管理员仅有一个。其他用户相应地由高权限用户创建，在用户初始化阶段仅创建一个超级管理员，在使用系统过程中随需求增加具有相应权限的管理员。

8.2.3.2 客户端部署

系统采用BS 架构，客户端仅安装个人常用浏览器即可。

8.3　系统使用

8.3.1　系统登录

使用任意浏览器键入网站地址，打开登录页面。在如图 8-73 所示界面中输入对应的用户名和密码，单击"登录"，完成系统登录。

图 8-73　系统登录界面

8.3.2　实验数据浏览

登录系统后，即可见到如图 8-74 所示页面，在页面中按照类似 Windows 资源管理器的方式对系统文件进行浏览。

具体操作方法：直接在左侧目录树中单击"折叠/展开"按钮即可浏览目录。单击目录，可在右侧列表区域查看该目录下的子目录及文件。

在该状态下可实现单一文件的下载，在列表区域文件右侧设有"下载"按钮，单击即可下载文件。

图 8-74   系统文件浏览页面

8.3.3   新建项目或新建实验

可根据数据管理需求新建项目路径和实验路径，以便更好地结构化管理实验数据。

具体操作方法：

在浏览状态下，单击左侧目录树中需要新建项目或新建实验的相应根目录。

选择"新建"菜单，单击"新建项目"或者"新建实验"，弹出如图 8-75 所示页面。

图 8-75   新建项目页面

在图 8-75 中按照提示输入项目或者实验名称，单击"新建"按钮即完成操作。

提示：在创建项目或者实验时，系统为用户提供了常用模板，可在下拉菜单中选择所需模板，一次性完成项目下子路径的添加，方便用户管理实验数据。

新建的目录名不能包含特殊字符，且文件名不宜过长。

8.3.4　上传数据文件

具体操作方法：

在文件浏览状态下，单击左侧目录树中所选目录作为即将上传文件所处根目录。

选择"上传文件"菜单，单击"单一小文件上传"，弹出如图 8-76 所示页面。

图 8-76　单一小文件上传页面

在图 8-76 中，单击"浏览"，按路径选中预上传文件，单击"上传（任意文件任意位置）"即可。

超过 2 G 的大文件上传页面如图 8-77 所示，操作方法同单一文件上传方法。

单击"大文件上传"，弹出如图 8-77 所示页面。

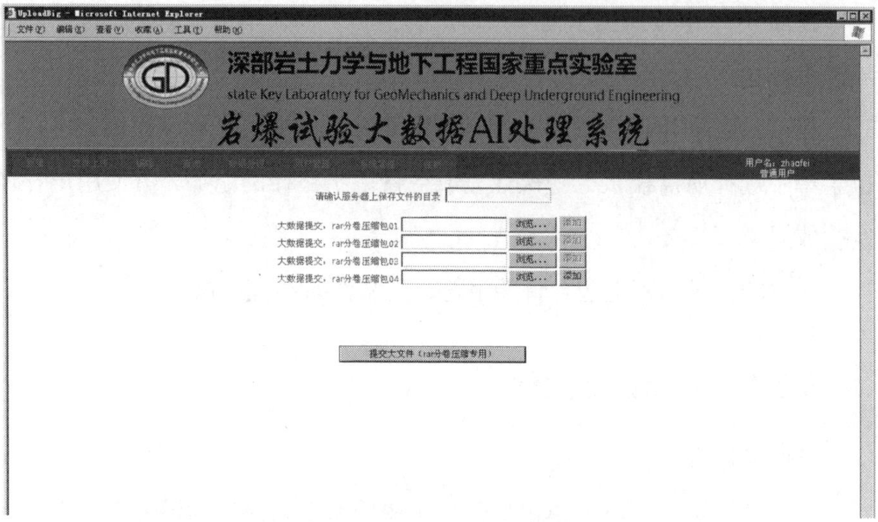

图 8-77　大文件上传页面

在图 8-77 中，单击"添加"可增加文件数，单击"浏览"选中预上传文件，单击"提交大文件（rar 分卷压缩专用）"提交文件。

提示：上传文件名不可有特殊字符，且不宜过长（不可超过 255 个字符）。

8.3.5　实验数据处理分析

实验数据分析需要借助"数据处理"菜单完成。实验数据处理需要经历几个步骤：提交数据、数据完整性检测、数据后台处理、实验结果展示。

选择"数据处理"菜单，弹出如图 8-78 所示页面。

该页面下列表显示了系统当前已经上传的全部实验数据，可查看每组实验数据的处理状态。

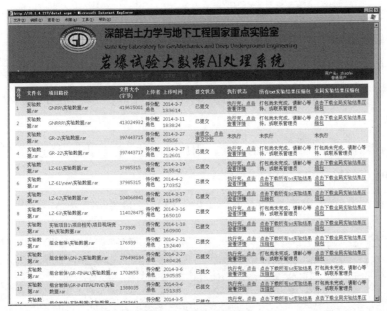

图 8-78　数据处理状态

在图 8-78 中，单击"未提交，点击提交分析"，弹出如图 8-79 所示页面。

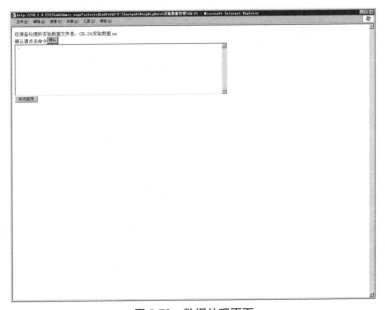

图 8-79　数据处理页面

在图 8-79 中单击"确认",系统会立即反馈数据提交后的检测信息,用户根据反馈信息可查看提交数据是否符合系统所要求的标准。

单击"关闭返回"完成数据分析任务提交,系统在后台会自动处理。

在图 8-78 中单击"执行完,点击查看详情",弹出如图 8-80 所示页面。

该页面是系统结果展示页面,用户可通过单击放大图片进行查看,可单击相应的提示按钮,下载图片。

在图 8-80 中单击"点击下载"可下载对应的实验结果高清图片。

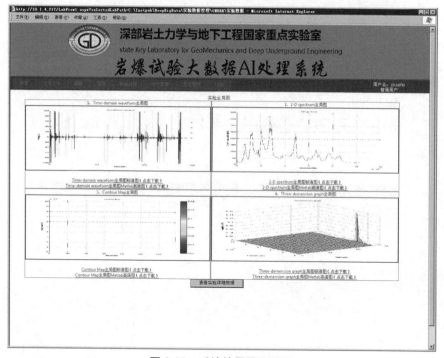

图 8-80　系统结果展示页面

单击"查看实验详细数据",弹出图 8-81 所示页面,可实现局部图下载。

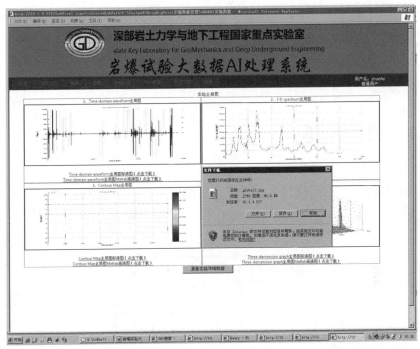

图 8-81　结果图片下载

8.3.6　实验结果查询

"查询"菜单可实现实验数据及文件的精确查找。选择"查询"菜单，
弹出如图 8-82 所示页面。

图 8-82　查询页面

岩爆试验大数据人工智能分析方法

在图 8-82 中，在相应位置下拉选择项目名称，输入文件名，单击"查询"，即可实现文件的精确查找。

8.4 用户管理

该系统按照不同权限设立了三个级别的用户：超级管理员、管理员、普通用户。各用户权限如图 8-83 所示。

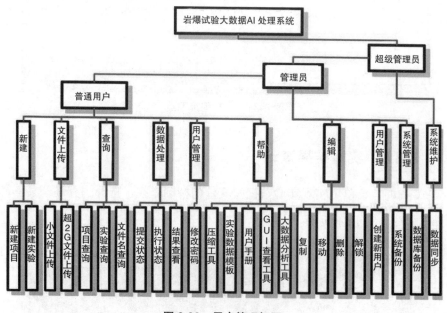

图 8-83 用户管理权限

8.4.1 创建新用户

选择"用户管理"菜单，单击"创建新用户"，弹出如图 8-84 页面。

224

图 8-84　创建新用户页面

提示：普通用户无权限创建新用户。

8.4.2　修改密码

选择"用户管理"菜单，单击"修改密码"，弹出如图 8-85 所示页面。

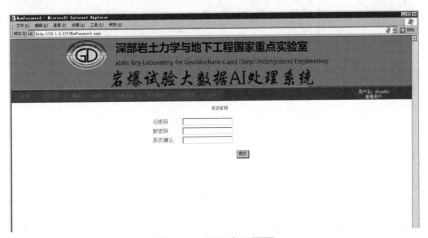

图 8-85　修改密码页面

在图 8-85 中，依次输入旧密码、新密码并再次确认密码后，单击"提交"，完成密码修改。

8.5 系统备份

"系统备份"菜单可完成对系统数据、数据库的备份和还原，还可实现数据库的同步操作。

提示：普通用户没有此权限。

8.5.1 文件备份

选择"系统备份"菜单，单击"文件备份"，弹出如图 8-86 所示页面。

图 8-86 文件备份页面

在图 8-86 中，输入对应的文件备份名，点击"点击启动系统备份"，完成文件备份。

提示：备份文件名不能含有特殊字符。

8.5.2 数据库备份

选择"系统备份"菜单，单击"数据库备份"，弹出如图 8-87 所示页面。

图 8-87 数据库备份页面

在图 8-87 中，点击"点击启动数据库备份"，完成数据库备份操作。

8.6 帮助

在该页面中为用户提供了用户手册、压缩软件、实验模板、数据处理分析工具、全局结果查看工具等辅助工具的下载。用户通过此页面可便捷地获取系统使用过程中所需的全部资源。

选择"帮助"菜单，弹出如图 8-88 所示页面。

图 8-88 帮助页面

8.7 常见问题解决方案

1. 系统登录页面打不开?

检查网站配置文件是否正确配置。

2. 登录后页面布局有时不正常?

可检测客户端分辨率设置,在特殊情况下可尝试更换浏览器。

3. 在数据处理过程中出现异常,数据处理死锁?

可通过"编辑"菜单中的"解锁"进行处理。

4. 实验结果数据打包下载时页面无反应?

可联系管理员按照使用手册进行相应处理。

图书在版编目（CIP）数据

岩爆试验大数据人工智能分析方法 / 张昱著. —北京：中国国际广播出版社，2021.8

ISBN 978-7-5078-4972-1

Ⅰ. ①岩…　Ⅱ. ①张…　Ⅲ. ①人工智能－应用－岩爆－试验－数据－分析　Ⅳ. ①P642-33

中国版本图书馆CIP数据核字（2021）第167764号

岩爆试验大数据人工智能分析方法

著　者	张　昱	
责任编辑	张晓梅	
校　对	张　娜	
版式设计	邢秀娟	
封面设计	赵冰波	

出版发行	中国国际广播出版社有限公司 ［010-89508207（传真）］
社　址	北京市丰台区榴乡路88号石榴中心2号楼1701
	邮编：100079
印　刷	天津市新科印刷有限公司

开　本	710×1000　1/16
字　数	220千字
印　张	15.5
版　次	2021 年 8 月　北京第一版
印　次	2021 年 8 月　第一次印刷
定　价	48.00 元